乡村振兴人才培育系列教材

# 农村能源绿色低碳技术

朱建民　张少波　陈彦良　主编

U0272058

中国农业科学技术出版社

图书在版编目（CIP）数据

农村能源绿色低碳技术 / 朱建民，张少波，陈彦良
主编. --北京：中国农业科学技术出版社，2024. 5
　　ISBN 978-7-5116-6759-5

　　Ⅰ.①农…　Ⅱ.①朱…　②张…　③陈…　Ⅲ.①农村
能源－节能－技术　Ⅳ.①S210.4

中国国家版本馆CIP数据核字（2024）第 071313 号

| 责任编辑 | 施睿佳　姚　欢 |
| 责任校对 | 王　彦 |
| 责任印制 | 姜义伟　王思文 |

| 出 版 者 | 中国农业科学技术出版社 |
| | 北京市中关村南大街 12 号　　邮编：100081 |
| 电　　话 | （010）82106631（编辑室）　（010）82106624（发行部） |
| | （010）82109709（读者服务部） |
| 网　　址 | https://castp.caas.cn |
| 经 销 者 | 各地新华书店 |
| 印 刷 者 | 北京地大彩印有限公司 |
| 开　　本 | 140 mm×203 mm　1/32 |
| 印　　张 | 6.25 |
| 字　　数 | 174 千字 |
| 版　　次 | 2024 年 5 月第 1 版　　2024 年 5 月第 1 次印刷 |
| 定　　价 | 28.60 元 |

# 《农村能源绿色低碳技术》

## 编委会

随着全球气候变化问题日益严重，绿色低碳技术的研发与应用已成为推动可持续发展、实现生态文明建设的重要途径。特别是在农村地区，能源利用方式的转型升级对于提升农业生产力、改善农村环境、提高农民生活质量具有重大意义。

本书共八章，从农村能源利用的实际情况出发，系统介绍了太阳能、风能、水能、生物质能等多种能源的利用技术，其中生物质能方面本书重点介绍了秸秆能源利用技术和沼气利用技术，本书还选取了一些农村能源绿色低碳典型案例。在编写过程中，本书力求使用通俗易懂的语言，避免过于专业的术语和复杂的理论，使农民朋友能够轻松理解并掌握相关技术。同时，本书也注重结构的清晰性，按照技术类型进行了分章。本书具有较强的实用性，不仅提供了丰富的技术要点，还结合具体案例进行了分析。

本书既适合作为农民培训的教材，帮助农民朋友了解并掌握先进的绿色能源技术，提升他们的能源利用水平和环保意识，也可作为农业技术人员、农村能源管理工作者的参考用书，为推动我国农村能源绿色低碳发展贡献力量。

由于时间仓促，水平有限，书中难免存在不足之处，欢迎广大读者批评指正！

编　者

2024年3月

# 目 录

# 第一章

# 农村能源概述

## 第一节 能源的概念和分类

### 一、能源的概念

能源的字意是"能量的来源"。广义而言，任何物质都可以转化为能量，但是转化的数量、转化的难易程度是不同的。

2018年修正的《中华人民共和国节约能源法》将能源定义为：能源是指煤炭、石油、天然气、生物质能和电力、热力，以及其他直接或者通过加工、转换而取得有用能的各种资源。

2020年国家能源局印发的《中华人民共和国能源法（征求意见稿）》将能源定义为：能源是指产生热能、机械能、电能、核能和化学能等能量的资源，主要包括煤炭、石油、天然气（含页岩气、煤层气、生物天然气等）、核能、氢能、风能、太阳能、水能、生物质能、地热能、海洋能、电力和热力，以及其他直接或者通过加工、转换而取得有用能的各种资源。

简单来说，能源就是自然界中一切能够为人类的生产生活提供能量的物质总称。

## 二、能源的分类

根据不同的划分标准，可以将能源分为不同的种类。

### （一）按照能源的生成方式分类

按照能源的生成方式，可以将能源分为天然能源（一次能源）和人工能源（二次能源）两大类。天然能源是指自然界中以天然的形式存在且没有经过加工或转换的能量资源，如煤炭、石油、天然气、核燃料、风能、水能、太阳能、地热能、海洋能、潮汐能等；人工能源则是指由天然能源直接或间接转换成其他种类和形式的能量资源，如煤气、汽油、煤油、柴油、电、蒸汽、热水、氢气、激光等。

### （二）按照能源的再生性分类

按照能源的再生性，可分为不可再生能源和可再生能源，如化石燃料、核燃料均为不可再生能源，太阳能、水能、风能、生物质能和地热能等均为可再生能源。当不可再生能源资源日益枯竭时，人们则更致力于可再生能源的技术开发和利用。

### （三）按照能源的利用状况分类

按照能源的利用状况，可将其分为常规能源（传统能源）和非常规能源（新能源）。常规能源是指目前已大规模生产和广泛利用的能源，如水能、煤炭、石油、天然气等。非常规能源是指由于技术、经济等因素的限制，迄今尚未大规模使

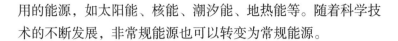

用的能源，如太阳能、核能、潮汐能、地热能等。随着科学技术的不断发展，非常规能源也可以转变为常规能源。

### （四）按照能源利用对环境造成的污染程度分类

按照能源利用对环境造成的污染程度，可将其分为非清洁能源和清洁能源。非清洁能源主要包括煤炭、石油等，清洁能源则包括水能、电能、太阳能、风能、核能等。

世界能源委员会推荐的能源类型分为：固体燃料、液体燃料、气体燃料、水能、电能、太阳能、生物质能、风能、核能、海洋能、地热能。其中，前3个类型统称化石燃料或化石能源。

### （五）按照能源使用过程中的碳排放量分类

按照能源使用过程中的碳排放量作为分类的指标，可以将能源分为低碳能源和高碳能源。低碳能源是指二氧化碳等温室气体排放量低或者零排放的能源产品，主要包括核能和可再生能源等；高碳能源是指二氧化碳等温室气体排放量高的能源产品，主要是煤炭、石油等化石能源。此种分类方式实际是将碳排放量作为考察污染程度的主要指标。

各种能源形式可以互相转化，在天然能源中，风能、水能、洋流能和波浪能等是以机械能（动能和势能）的形式提供的，可以利用各种风力机械（如风力机）和水力机械（如水轮机）转换为动力或电力。煤炭、石油和天然气等常规能源一般是通过燃烧将化学能转化为热能。热能可以直接利用，但更多的是将热能通过各种类型的热力机械（如内燃机、汽轮机和燃气轮机等）转换为动力，带动各类机械工作，或是带动发电机将动力转化为电力，满足人们生活和工农业生产的需要。

## 第二节　农村能源的分布

### 一、农村能源的内涵

农村能源是指农村范围内的各种能源以及从能源开发至最终应用过程中的生产、消费、技术、政策和管理等问题的总称。农村能源涉及农村地区能源供应与消费的方方面面，不仅关系到农业生产、乡镇企业和农村居民的日常生活，更与农村的经济、社会和环境可持续发展紧密相连。一般来说，农村能源具有下列特点。

#### （一）地域性

地域性是指在农村地区，即除城市以外的广大乡村地域范围内，所进行的能源开发与利用活动。这些活动紧密贴合农村的生产生活实际，体现了农村能源的独特性和针对性。农村能源的开发利用需要因地制宜，充分考虑当地的资源条件、气候环境、社会经济状况等因素，实现能源的可持续发展。

#### （二）多样性

多样性涵盖了多种能源形式，包括传统的生物质能（如作物秸秆、人畜粪便等），以及现代的可再生能源（如太阳能、风能、地热能等）。这些能源形式各有特点，互为补充，共同构成了农村能源的多元化格局。同时，农村能源还包括了国家供应给农村地区的商品能源，如煤炭、电力、燃油等，这些商品能源为农村的生产生活提供了必要的补充。

（三）经济性

在农村地区，能源的供应与消费往往受到经济条件的限制。因此，农村能源的开发利用需要注重经济效益，既要保证能源供应的充足性，又要考虑能源使用的经济性。通过推广节能技术、提高能源利用效率、优化能源结构等措施，可以降低农民的能源成本，提高农村经济的竞争力。

（四）环保性

随着环保意识的提高，农村能源的开发利用越来越注重环境保护。通过推广清洁能源、减少化石能源的使用、加强能源废弃物的处理等措施，可以减少农村地区的能源污染，保护农村生态环境，促进农村的可持续发展。

（五）社会性

社会性涉及农村社会的方方面面，包括农村的生产、生活、文化、教育等各个领域。农村能源的开发利用不仅关乎农民的生活质量，更关系到农村社会的稳定与发展。通过改善农村能源供应状况，可以提高农民的生活水平，促进农村社会的和谐与进步。

二、农村能源的分布情况

我国农村能源的分布深受地理位置、气候、地形等多种因素的影响，这些因素共同决定了不同地区农村能源的种类及开发利用方式。

在北方干旱和半干旱地区，如内蒙古、甘肃、宁夏等地，气候干燥、降水稀少，但太阳能资源十分丰富。这些地区日照时间长，太阳辐射强度大，为太阳能光伏发电和太阳能热水器的普及提供了得天独厚的条件。近年来，随着国家对可再生能源的大力扶持和技术的不断进步，这些地区的太阳能产业得到了快速发展。许多农村地区安装了太阳能光伏发电板，不仅满足了当地居民的用电需求，还通过并网发电为当地经济发展作出了贡献。同时太阳能热水器的普及也大大提高了当地居民的生活质量。

与北方相比，南方湿润地区的气候特点迥然不同。这些地区雨水充沛、河网密布，水力资源丰富。特别是在山区和丘陵地带，地形起伏多变，河流落差大，为水能发电提供了良好的自然条件。因此，小型水电站和水轮泵成为南方农村能源供应的重要组成部分。这些设施的建设不仅解决了当地农村的用电问题，还带动了相关产业的发展，为农村经济发展注入了新的活力。

在东部沿海地区，海洋能资源相对丰富。这些地区拥有漫长的海岸线，潮汐现象显著，波浪能资源丰富。随着技术的不断进步和成本的降低，潮汐能和波浪能的开发利用潜力逐渐显现出来。一些沿海农村地区开始尝试利用潮汐能和波浪能发电，虽然目前规模尚小，但前景广阔。

除了太阳能、水能、海洋能，生物质能在农村地区也发挥着重要作用。我国是农业大国，每年产生大量的农作物秸秆、木材废弃物以及畜禽粪便等生物质资源。这些资源经过一定的技术处理，可以转化为生物质燃料或生物质能发电。在粮食主产区，秸秆资源尤为丰富，通过秸秆还田、秸秆气化等方式，不仅可以提高土壤肥力，还可以为农村居民提供清洁的能源。在林区，木材废弃物也是重要的生物质能来源，通过生物质锅炉等设备，可以实现木材废弃物的有效利用。同时，畜禽粪便经过处理后，也可以作为生物质燃料使用，既解决了环境污染问题，又实现了资源的循环利用。

综上所述，农村能源资源的分布情况因地域、气候等因素而异，但总体上呈现出多样化、广泛分布的特点。在开发利用这些资源时，需要充分考虑当地的实际情况和资源条件，以实现能源的可持续利用和农村的可持续发展。

## 第三节　农村能源利用支撑技术

农村能源利用支撑技术是指一系列旨在提高农村能源利用效率、促进能源可持续发展、保护生态环境的技术手段和方法。这些技术涵盖了能源生产、转换、储存、输配以及能源利用等各个环节，为农村能源的开发利用提供了强有力的支持。

### 一、太阳能利用技术

太阳能作为一种清洁、可再生的能源，在农村地区具有广阔的应用前景。太阳能光伏发电和太阳能热水器等应用，为农村地区提供了稳定可靠的电力和热能供应，显著降低了农民的能源成本。

### 二、风能利用技术

风能作为一种清洁、可再生的能源，在农村地区同样具有巨大的开发潜力。风能利用技术主要是通过风力发电来实现能源的转换和利用。在农村地区，可以建设小型风力发电站或安装风力发电机，利用风能发电为农民提供电力供应。这种技术具有环保、节能、可持续等优点，对于缓解农村电力短缺问题、推动农村能源结构的转型具有重要意义。

## 三、生物质能利用技术

生物质能利用技术是农村能源利用的重要支撑技术之一。生物质能主要包括农作物秸秆、木材废弃物、畜禽粪便等有机废弃物，具有可再生、低碳环保等优点。通过生物质能利用技术，可以将这些有机废弃物转化为热能、电能等能源形式，实现资源的有效利用和环境的保护。

## 四、储能技术

储能技术是农村能源利用的重要支撑技术之一。由于农村地区的能源供应往往受到天气、季节等因素的影响，能源需求与供应之间存在一定的不平衡性。因此，通过储能技术将多余的能源储存起来，以供能源需求高峰时使用，对于保障农村能源的稳定供应具有重要意义。目前，常见的储能技术包括电化学储能、机械储能、热化学储能等。这些技术可以根据不同的应用场景和需求进行选择和应用，为农村能源的稳定供应提供有力保障。

## 五、智能化控制技术

智能化控制技术是农村能源利用的重要支撑技术之一。通过智能化控制技术，可以实现对农村能源生产、转换、储存、输配等各个环节的自动化、智能化管理，提高能源利用效率和管理水平。例如，通过智能化控制系统可以实时监测能源设备的运行状态和能效水平，及时发现并处理设备故障和异常情况；通过智能化调度系统可以优化能源输配方案，降低能源损耗和浪费；通过智能化数据分析系统可以分析能源利用数据，为能源管理和决策提供科学依据。

综上所述，农村能源利用支撑技术涵盖了多个方面和领域，这些技术的应用为农村能源的开发利用提供了强有力的支持。未来，随着科技的不断进步和创新，农村能源利用支撑技术将不断发展和完善，为农村能源的可持续发展注入新的动力和活力。

## 第四节　农村能源发展现状与思路

### 一、农村能源的发展现状

近年来，国家对农村能源高度重视，并取得了重要成绩，但从农业和农村绿色发展的需求来看，还存在着许多亟待解决的问题。主要表现为以下4个方面。

#### （一）可再生能源开发利用水平低

农村能源供需矛盾日益凸显。一方面，能源开发程度低导致供应不足。由于农村地区资金不足及技术落后，对于现有的自然资源开发不足。尤其是针对可再生能源，我国农村能源开发使用发展较晚，可再生能源开发技术仍较为落后，规模小、成本高、效率低，难以形成规模化应用。另一方面，随着中长期城镇化、工业化进程的加快，乡镇工业单位产值能耗比国有工业高出1倍以上，农民和城市居民生活方式越来越趋同，传统的能源不能满足农村生产生活用能。

支持农村能源发展的法律法规、财政补贴和金融投资等体系尚不完善。农村能源燃料使用情况复杂，投入力度不足，致使很多政策无法落实，农村能源推广收效甚微；秸秆禁烧、卫生环境整治等政策的颁布落实存在滞后性，无法有效倒逼农村能源转型升级发展；财政补贴政策缺乏长效性和稳定性，导致许多政策落实不到位；金融投资上，长期以政府引导投入或财政扶持为主，社会金融资金的调动与激励力度不足。

## （二）生物质资源能源化水平低

生物质资源开发不足。配套的生物质电站数量尚不完全具备处理垃圾、秸秆、畜禽粪便等的能力，距离充分利用生物质资源尚有较大空间；缺乏低成本可再生能源开发利用技术，这些技术问题导致农村能源投资价值不高，形成技术落后、经济效益低下的恶性循环。

农村能源服务体系滞后。煤炭和液化石油气的能源在一些地区的农村生活能源中占有一定的比例，但供应网点和服务网点与城市相比还有较大的差距，常用能源价格不断上涨也引发了一些新的问题。此外，农村沼气、太阳能热水器、太阳灶、太阳能光谱发电系统等可再生能源设施缺乏配套的服务体系，市场化和产业化水平低，影响了农村能源和可持续发展的可靠运行。

### （三）能源消费终端清洁化水平低

农村生产用能以低品质能源为主。农村生产用能基本依存于国家统一能源供应体系，煤炭占主导地位，对煤炭、石油的依赖性仍然较强，清洁能源和可再生能源占比较低。清洁能源逐渐成为农村生活用能的主要构成。随着国家农村配电网改造力度加大和农民生活水平的提高，电力、液化石油气、天然气等清洁能源逐步成为农村居民生活重要的能源。

### （四）农村能源基础设施相对薄弱

我国农村地区能源基础设施落后，导致农村能源普遍服务水平低。长期以来，我国广大农村地区与城镇地区在基础设施建设与公共服务方面存在着发展不均衡的现象，存在城乡二元制的问题。农村地区能源基础设施薄弱，户均配电变压器容量尚不能满足乡村振兴用能需求，燃气管网、热力管网在农村地区未能普及，各类能源网络互补衔接不足。技术开发资金投入欠缺，燃气、液化石油气和天然气供应尚未能普及到所有乡镇，部分偏远地区农村配电网设备陈旧落后，农村商品能源总体供给不足，部分地区能源贫困问题依然存在，农村能源消费需求难以得到有效满足，尤其是返乡潮和春节期间集中用能导致能源保障压力过大。

农村能源基础设施建设的政策支持力度不足。近年来，尽管各级政府以补贴的形式开展了沼气、秸秆气化等农村清洁能源利用工程建设，但这些补贴远远不能满足农村能源整体建设的需求，资金缺口较大。与城市相比，我国对农村能源基础设施建设的重视和支持力度长期不足，政府部门虽制定了大量新能源法律法规，但缺少宣传，没有提高企业和农民对于农村新能源的关注与重视，国家给予的能源补贴，也没有起到长效激励作用，导致农村能源基础设施落后，进而阻碍了农村新能源工程的发展。

## 二、农村能源的发展原则

农村能源作为农村经济社会发展的重要支撑，其发展水平直接关系到农村的生产力提升、生活品质改善以及生态环境的保护。因此，要高度重视农村能源的发展，并按照一系列科学而全面的原则进行规划与推动。

### （一）统筹规划

统筹规划是农村能源发展的基石。国家从全局出发，对农村能源的发展进行整体规划和布局，确保各项能源项目与农村经济社会发展的总体目标相协调。这包括能源种类的选择、能源项目的布局、能源设施的建设以及能源供应体系的完善等各个方面，都需要进行全面考虑，以实现农村能源的可持续发展。

### （二）因地制宜

因地制宜是农村能源发展的重要原则。不同地区的农村在资源禀赋、气候条件、经济发展水平等方面存在差异，因此，农村能源的发展必须充分考虑当地的实际情况，选择适合当地的能源种类和技术路线。例如，在太阳能资源丰富的地区，可以大力发展太阳能光伏发电和太阳能热水器等项目；在生物质资源丰富的地区，可以推广生物质能发电和生物质能供暖等技术。

（三）多能互补

多能互补是农村能源发展的重要策略。农村能源的发展不应局限于某一种或几种能源，而应实现多种能源的互补利用。这不仅可以提高能源的利用效率、降低能源成本，还可以减少能源供应的风险。例如，在电力供应不足的地区，可以通过发展生物质能发电或风能发电来弥补电力缺口；在冬季供暖需求大的地区，可以利用生物质能或地热能进行供暖。

（四）节约资源

节约资源是农村能源发展的核心要求。农村能源的发展必须注重资源的节约和高效利用，避免资源的浪费和过度消耗。这包括在能源生产、转换、输送和使用等各个环节中采取节能措施，提高能源利用效率；同时，也要加强能源管理，推动农村能源消费的合理化和科学化。

（五）综合利用和保护环境

综合利用和保护环境是农村能源发展的长远目标。农村能源的综合利用可以推动农业废弃物的资源化利用，促进循环经济的发展；同时，也要注重农村能源发展与环境保护的协调，避免能源开发和使用过程中对环境的破坏和污染。在农村能源发展过程中，要坚持绿色发展的理念，采用清洁、环保的能源技术和设备，减少污染物的排放，保护农村生态环境。

综上所述，农村能源发展原则体现了国家对农村能源发展的全面考虑和深远规划。这些原则不仅为农村能源的发展提供了指导方向，也为推动乡村振兴建设和城乡和谐发展提供了有力保障。

### 三、农村能源的发展思路

农村能源作为农村经济社会发展的重要基石，其发展水平直接关系到农民的生活质量、农村生态环境的保护以及农业生产的效率。因此，加快农村能源的发展，推动其向清洁、高效、可持续的方向转变，是当前农村工作的重要任务。

#### （一）加快清洁能源的推广应用

随着全球能源结构的转型和环保意识的提升，清洁能源已成为未来能源发展的主流方向。在农村地区，由于能源基础设施相对薄弱，传统化石能源的使用不仅效率低下，而且对环境造成了严重污染。因此，加快清洁能源的推广应用，成为农村能源发展的首要任务。

首先，要大力推广太阳能利用技术。太阳能作为一种取之不尽、用之不竭的清洁能源，具有广阔的应用前景。在农村地区，可以通过安装太阳能热水器、太阳能光伏发电系统等方式，满足农民日常生活和农业生产的能源需求。政府应出台相关政策，对太阳能利用项目给予补贴和税收优惠，鼓励农民积极采用太阳能技术。

其次，要推动风能利用技术的发展。风能作为一种清洁、可再生的能源，在农村地区同样具有巨大的开发潜力。可以通过建设风力发电站、安装小型风力发电机等方式，利用风能发电，为农村提供稳定的电力供应。同时，要加强风能技术的研发和创新，提高风能发电的效率和稳定性。

最后，生物质能也是农村清洁能源发展的重要方向。生物质能来源于农作物秸秆、畜禽粪便等农业废弃物，具有资源丰富、可再生、低碳环保等优点。可以通过生物质能发电、生物质能供暖等方式，实现农业废弃物的资源化利用，减少环境污染，提高能源利用效率。

### （二）提高农村能源利用效率

提高农村能源利用效率，是农村能源发展的重要目标。这不仅可以降低农民的能源成本，还可以减少能源浪费，促进农村经济的可持续发展。

一方面，要加大对农村能源利用技术研发的投入。通过研发先进的节能技术和设备，提高农村能源的利用效率。例如，推广节能型农机具、节能型温室等，降低农业生产过程中的能源消耗。同时，要加强对农民的技术培训，提高他们的节能意识和技能水平。

另一方面，要加强农村能源管理。通过建立健全农村能源管理制度，规范农村能源的开发、利用和管理行为。加强对农村能源市场的监管，防止能源浪费和不合理利用现象的发生。同时，要优化农村能源消费结构，推广高效、环保的能源消费方式，降低农村能源消费对环境的影响。

### （三）完善农村能源服务体系

完善农村能源服务体系，是保障农村能源持续、稳定供应的关键。这包括能源供应、设备维修、技术咨询和推广等多个方面。

首先，要加强农村能源供应体系建设。通过建设完善的能源供应网络，确保农村能源的稳定供应。政府应加大对农村能源基础设施建设的投入，提高农村能源供应的可靠性和安全性。同时，要鼓励多种能源供应方式的并存和互补，满足农民多样化的能源需求。

其次，要建立健全农村能源设备维修体系。通过设立专门的维修站点和服务队伍，为农民提供及时、高效的设备维修服务。加强对维修人员的培训和管理，提高他们的服务水平和专业技能。同时，要推广使用智能化、远程化的维修技术，提高维修效率和质量。

最后，还要加强农村能源技术咨询和推广工作。通过建立农村能源技术咨询服务平台，为农民提供技术咨询、方案设计等服务。加强对先进能源技术的宣传和推广，提高农民对清洁能源和节能技术的认识和接受度。

### （四）加强政策引导与扶持

政策引导与扶持是农村能源发展的重要保障。政府应制定和完善相关政策，为农村能源发展提供有力的政策保障。

首先，要出台针对农村能源发展的税收优惠和补贴政策。通过降低清洁能源设备的购置成本和使用成本，鼓励农民积极采用清洁能源技术。同时，对在农村能源发展方面作出突出贡献的单位和个人给予奖励和表彰，激发他们的积极性和创新精神。

其次，要加强农村能源发展的金融支持。通过设立农村能源发展专项资金、提供贷款优惠等方式，为农村能源项目提供资金支持。鼓励金融机构加大对农村能源项目的信贷投放力度，降低融资成本，促进农村能源项目的顺利实施。

最后，还要加强农村能源发展的国际合作与交流。通过引进国外先进的能源技术和管理经验，提升我国农村能源发展的水平。同时，积极参与国际能源合作与交流活动，分享我国农村能源发展的经验和成果，推动全球能源结构的转型和可持续发展。

综上所述，农村能源的发展思路应围绕清洁能源的推广应用、提高能源利用效率、完善能源服务体系以及加强政策引导与扶持等方面展开。通过科学规划、政策支持和市场引导相结合，推动农村能源向清洁、高效、可持续的方向发展，为农村经济社会的发展和农民生活质量的提升提供有力保障。

# 第二章

# 太阳能利用技术

## 第一节　太阳能概述

### 一、太阳能的概念

太阳能是太阳内部或者表面的黑子连续不断的核聚变反应过程产生的能量。太阳不断释放的能量，以辐射和对流的方式由核心向表面传递，并以每秒$3.83 \times 10^{23}$千焦向外辐射。太阳能是一种巨大、久远、无尽的能源。根据目前太阳产生的核能速率估算，其氢的储量足够维持600亿年，因此，太阳能可以说是用之不竭的。

我国太阳能资源分布的主要特点是：太阳能的高值中心和低值中心都处在北纬22°～35°这一带，青藏高原是高值的中心，那里的平均海拔在4 000米以上、大气透明度好、纬度低、日照时间长。全国以四川省的太阳年辐射总量为最小，那里雨多、雾多、晴天较少。就全国而言，西部地区的太阳年辐射总量高于东部地区，除西藏和新疆外，基本上是南部低于北部，在北纬30°～40°地区，我国太阳能的分布情况与一般太阳能随纬度变化的规律相反，由于南方多数地区雨多雾多，太阳辐射能不是随着纬度的增加而减少，而是随着纬度的增加而增加。

## 二、太阳能的特点

### （一）太阳能的优点

#### 1.普遍

太阳光普照大地，没有地域的限制。无论陆地或海洋，无论高山或岛屿，处处皆有，太阳能可直接开发和利用，且无须开采和运输。

#### 2.无害

开发利用太阳能不会污染环境，它是最清洁的能源之一，在环境污染越来越严重的今天，这一点是极其宝贵的。

#### 3.巨大

每年到达地球表面上的太阳辐射能约相当于130万亿吨标准煤，其总量属现今世界上可以开发的最大能源。

#### 4.长久

根据目前太阳产生的核能速率估算，氢的储量足够维持上百亿年，而地球的寿命也约为几十亿年，从这个意义上讲，可以说太阳的能量是用之不竭的。

### （二）太阳能的缺点

#### 1.分散性

到达地球表面的太阳辐射总量尽管很大，但是能流密度很低。平均说来，北回归线附近，夏季在天气较为晴朗的情况下，正午时太阳辐射的辐射照度最大，在垂直于太阳光方向1米²面积上接收到的太阳能平均有1 000瓦；若按全年日夜平均，则只有200瓦左右。而在冬季大致只有1/2，阴天一般只有1/5左右，这样的能流密度是很低的。因此，在利用太阳能时，想要得到一定的转换功率，往往需要面积相当大的一套收集和转换设备，造价较高。

### 2. 不稳定性

由于受到昼夜、季节、地理纬度和海拔高度等自然条件的限制以及晴、阴、云、雨等随机因素的影响，所以，到达某一地面的太阳辐射照度既是间断的，又是极不稳定的，这给太阳能的大规模应用增加了难度。为了使太阳能成为连续、稳定的能源，从而最终成为能够与常规能源相竞争的替代能源，就必须很好地解决蓄能问题，即把晴朗白天的太阳辐射能尽量储存起来，以供夜间或阴雨天使用，但目前蓄能也是太阳能利用中较为薄弱的环节之一。

### 3. 效率低和成本高

目前太阳能利用的发展水平，有些方面在理论上是可行的，技术上也是成熟的。但有的太阳能利用装置，因为效率偏低、成本较高，其经济性还不能与常规能源相竞争。在今后相当长一段时期内，太阳能利用的进一步发展，主要受到经济性的制约。

总的来说，太阳能资源丰富，既可免费使用，又无须运输，对环境无任何污染，为人类创造了一种新的生活形态，使社会及人类进入一个节约能源减少污染的时代。

## 三、太阳能利用的基本方式

太阳以辐射能的形式从遥远的太空给地球带来能量，人类要利用好这些能量，必须高效地将其转化成人类方便使用的形式。目前太阳能利用的方式主要有光热利用和光电利用两种。

太阳能光热利用的基本原理是将太阳的辐射能通过各种能量转换手段转换为热能，所得到的热能既可以直接使用，也可以再转换成其他形式的能量，如通过太阳能热发电技术将热能转换成电能。

太阳能光电利用是利用光生伏特效应将太阳辐射能直接转换为电能，太阳能电池是最常见的光电转换元件。

除上述两种方式外，还有太阳能光化利用、太阳能光生物利用等。

## 第二节　太阳能光热利用技术

### 一、太阳能热水器

太阳能热水器（图2-1）是太阳能光热利用的最重要的设备之一。太阳能热水器的主要部件是太阳集热器，以水为工质通过太阳集热器来吸收太阳能，可以得到人们需要的

图2-1　太阳能热水器

各种温度的热水，再辅以热水储存、循环和控制等系统，就组成了太阳能热水器。

## （一）太阳能热水系统

太阳能热水系统通常包括集热器、储水箱、水位及温度控制装置、连接管道、支架及其他部件。下面介绍几种常见的太阳能热水系统。

### 1. 平板型自然循环式热水系统

太阳能热水系统中最常见的是平板型自然循环式。其原理是利用水的温度梯度不同所产生的密度差而使水在集热器与储水箱之间进行循环，又称热虹吸循环式热水器。当太阳把集热器中的水加热后，热水的密度小便上浮进入储水箱，而储水箱内温度较低的水则从其底部流入集热器，从而形成循环。该循环将一直维持直至系统中的水达到热平衡为止。这类热水系统结构简单，运行可靠，不需要附加能源，适用于家庭和中小型热水系统使用。

### 2. 强制循环式热水系统

强制循环式热水系统利用机械泵强制工质在系统内循环，达到稳定流速、提高传热效率的目的，它适用于大型热水系统，或使用双工质的系统。

在大型太阳能热水系统中，设备多、管路复杂，工质流动阻力大，单靠由于密度差所产生的自然循环往往流速较小、传热效率低，强制循环正好发挥作用。为了防止冬季由于水凝结而使热水器工作不正常甚至胀坏集热器，通常采用双工质的形式，即在系统中设置两个循环，防冻液在集热器中循环，通过换热器将水加热，这种情况必须使用循环泵。对于强制循环式热水系统，储水箱的位置不必高于集热器，对于安装高度有限制时特别适用。

### 3.直流式热水系统

水在直流式热水系统中是一次性流过集热器被加热后便进入储水箱的。通常采用自动控制系统保证储水箱中的水温，感温元件安装在集热器的出口，执行器安装在冷水管路上，而控制器根据设定的出口水温控制进水量。因此，这种热水系统也称为定温放水直流式热水系统。

## （二）集热器的类型

太阳能热水系统的组成中，集热器是最关键的设备，应采用集热效率高并适合在寒冷地区使用的类型。集热器主要有平板型和真空管型。

### 1.平板型集热器

平板型集热器按工质划分有空气集热器和液体集热器，目前大量使用的是液体集热器；按吸热板芯材料划分有钢板铁管集热器、全铜集热器、全铝集热器、铜铝复合集热器、不锈钢集热器、塑料集热器及其他非金属集热器等；按结构划分有管板式集热器、扁盒式集热器、管翅式集热器、热管翅片式集热器、蛇形管式集热器，还有带平面反射镜集热器和逆平板集热器等；按盖板划分有单层玻璃集热器、多层玻璃集热器、玻璃钢集热器、高分子透明材料集热器、透明隔热材料集热器等。

### 2.真空管型集热器

真空管型集热器大体可分为全玻璃真空管型集热管、玻璃—"U"形管真空管型集热器、玻璃—金属热管真空管型集热器，直通式真空管型集热器和贮热式真空管型集热器。近年来，我国还成功研制全玻璃热管真空管型集热器和新型全玻璃直通式真空管型集热器。目前，全玻璃真空管型集热器技术成熟、价格低廉。全玻璃真空集热管由具有太阳选择性吸收涂层的内玻璃管和同轴的罩玻璃管构成，内玻璃管一端为封闭的圆顶形状，由罩玻璃管封离端内带吸气剂的支撑件支撑；另一端与罩玻璃管一端熔封为环状的开口端。

为保持屋面美观，常采用联集管太阳能热水系统。联集管太阳能热水系统由联集器、全玻璃真空集热管、储热水箱、管路系统、控制系统和辅助能源部分组成。每块集热器由一套联集器和若干只真空管组成。系统中水箱与集热器分开，集热器位于屋面，水箱可置于建筑其他任意位置，易与建筑结合。

平板型集热器在我国使用最为广泛，目前国内外使用比较普遍的是全铜集热器和铜铝复合集热器。随着技术的进步和价格的下降，真空管型集热器的优势逐步显现出来，已经开始走进千家万户。

## 二、太阳灶

太阳灶（图2-2）是利用太阳能进行炊事的设备。使用太阳灶，不用煤气、薪柴、电力、液化石油气，不用花一分钱燃料费，仅利用太阳能就可以完成烧水、做饭、炒菜等炊事操作。太阳灶可分为聚光式太阳灶、热箱式太阳灶和箱式聚光太阳灶。

图 2-2 太阳灶

## （一）聚光式太阳灶

聚光式太阳灶利用抛物面的聚光特性，功率大，在各类太阳灶中能获得的温度最高。以一个 2 米²的聚光式太阳灶为例，锅底温度可达 500～900℃，大大缩短炊事作业时间，还可完成煎、炒等需要较高温度的炊事操作。聚光式太阳灶的基本结构包括聚光器、跟踪器和炊具，其中聚光器是太阳灶的核心部分。

下面介绍 3 种常见的聚光式太阳灶。

### 1. 水泥薄壳太阳灶

水泥薄壳太阳灶制作容易、造价便宜、结实耐用。这种太阳灶适合农户自己制作，开始时先在地上做一个土堆胎模，再在其上涂一层废油作为脱模剂，然后将水泥砂浆糊于胎模上，厚度控制在 1.5～3.0 厘米，若预埋细钢筋或竹筋则薄壳强度更高。干燥定型后即可脱模，这就制成了水泥薄壳，用乳胶等黏结剂把小镜片贴在薄壳上，或用特制的聚酯镀铝膜作反光材料。在薄壳上设置用于支撑炊具的支架，再将薄壳固定，一台太阳灶就制作完成了。使用时，可以通过手动调节使太阳灶对准太阳，炊具在焦点上。水泥薄壳太阳灶的聚光镜面积一般为1.5米$^2$左右，其功率可达500～1 000瓦。

### 2. 凹面玻璃太阳灶

将平面玻璃热弯成所需的凹面，然后按制镜工艺在镜面镀银或真空镀铝，并涂上保护漆，以防止反光膜磨损。若此种凹面玻璃再经过钢化处理，强度会大大提高，更符合制作太阳灶的要求，当然造价较高。

### 3. 太阳蒸汽灶

太阳蒸汽灶是一种大型太阳灶，它的聚光镜一般呈圆形，直径5～10米，钢架结构，镜面为旋转抛物面，如同卫星天线。反光镜片用小块平面玻璃镜片粘贴制作，亦可用铝片抛光加保护膜。在抛物面焦点处，安装蒸汽锅炉，即可产生蒸汽供用户使用。这种太阳灶一般采用太阳自动跟踪装置，以保证随时对准太阳。

## （二）热箱式太阳灶

热箱式太阳灶属于焖晒式太阳灶，其外形由箱体构成。它的基本原理是：太阳光谱中主要是可见光和近红外线，其波长一般在0.3～3.0微米，这种波段几乎全部可以透过玻璃。但是当此种光线经过黑体吸收后转变为热（主要是红外辐射），它的波长大于3.0微米，而玻璃能阻止这种波长的射线通过。热箱式太阳灶是一个密闭的保温箱，一面安装透明玻璃，其余五面内涂选择性吸收涂层，外敷设保温层。将有玻璃的一面朝向阳光，玻璃就如一个单向阀门，阳光进得来，而热辐射出不去，箱内的温度就会逐渐升高。为了增强效果，往往将玻璃面设计成有双层透明玻璃的活动箱盖。在箱体内设置适用的支撑架，用金属饭盒等为容器，即可进行蒸、焖、煮等炊事操作。一般晴天，焖晒2~3小时以上，箱内温度可达150℃左右。热箱式太阳灶取材方便、制作容易、造价低廉，但因获得的温度不高，箱内热容有限，炊事功能不多，故应用较少。

### （三）箱式聚光太阳灶

箱式聚光太阳灶集上述两种太阳灶的优点，设计较为精巧，打开为太阳灶，合起来为一个箱子，携带和保管都比较方便，可以显著延长反光材料的寿命。但由于其结构复杂、维修不便、价格较高等原因，应用还不太多。

### 三、太阳能建筑

利用太阳能供能的建筑称为太阳能建筑，俗称太阳房，特指用太阳能采暖的建筑。太阳能建筑可以分为三大类，即被动式太阳房、主动式太阳房和零能建筑。

### （一）被动式太阳房

被动式太阳房完全靠建筑结构本身来完成集热、储热和释热等功能。其优点是不使用其他辅助能源、运行成本低，缺点是当没有日照时，室内温度偏低，控制不够灵活，较为被动。被动式太阳房的基本工作原理就是通常所说的温室效应。在选址时要考虑当地冬、夏季太阳高度角的大小，尽可能利用太阳的直射效应，在北半球一般采用坐北向南的方位。其采光面要采用阳光透过率高的材料；外围护结构应具有较大热阻，起保温作用；室内要使用高热容材料，如砖石和混凝土等，以保证房屋有良好的蓄热能力。

按采集太阳能的方式不同，被动式太阳房大致可分为以下5种类型。

### 1. 直接受益式

直接受益式太阳房的向阳面（如南墙）是玻璃墙或较大面积的玻璃窗，太阳辐射通过玻璃直接照射到室内地板、墙壁和家具上，这些被太阳晒到的地方，直接吸收了太阳能，温度升高。这些能量一部分通过对流、辐射的形式传递出去，使室内空间温度上升，其余部分能量则被储存在被晒的物体内，待太阳辐射消失后，再逐渐向室内释放，使房间在阴天和晚上也可以保持一定的温度。由于采光面积较大，应配置保温窗帘，并要求有较好的密封性能，以减少通过采光面的散热损失。为了防止夏季室内温度过高，采光面还应设置遮阳板。除采光面外，建筑的屋顶和其他朝向的墙壁要加强保温或采用高热阻材料，尽量减少散热。

### 2. 集热蓄热墙式

利用房屋的向阳墙（如南墙）做成集热蓄热墙，墙的外表面涂成黑色，以便更有效地吸收太阳辐射。在墙外一定距离处用1~2层透明材料（如玻璃）做成盖层，形成夹墙。当墙体将阳光转变为热之后，加热夹墙内的空气。空气沿着夹墙上升，并从其上部小窗口进入室内，而室内较冷的空气则由底部的小窗口流入夹墙，形成室内空气循环，温度逐渐升高，达到采暖的目的。在夏季，将集热蓄热墙上部小窗口关闭，同时打开设在夹墙顶部的天窗，并打开北墙的窗户，则集热蓄热墙就发挥类似烟囱的抽气作用，不断将室内的热空气由天窗排出，同时从北窗补充较凉爽的空气，达到降低室内温度的目的。这就是冬暖夏凉的太阳房。集热蓄热墙的形式有：实体式集热蓄热墙、花格式集热蓄热墙、水墙式集热蓄热墙、相变材料集热蓄热墙和快速集热蓄热墙等。

### 3. 附属温室式

附属温室式又称附加阳光间式，即在房屋的南墙外附建一间温室，或称为阳光间，其围护结构全部或部分由玻璃等透光材料构成。白天太阳辐射透过玻璃进入阳光间，一部分太阳能被南墙和温室的地面吸收，使温室的空气温度上升，并与室内的空气产生对流，达到采暖的目的。在夜间，南墙墙体的余热向室内通过传导放热。

### 4. 屋顶池式

用装满水的密封塑料袋作为储热体，置于屋顶，其上设置保温盖板。在冬季有阳光时，打开保温盖板，让水袋吸收太阳的辐射能，并通过辐射和对流传到室内。夜间则关闭保温盖板，防止水袋热量散失。夏季的操作方式刚好与冬季相反。白天盖严保温盖板，以避免水袋被阳光及室外的热空气加热，水袋吸收房屋内的热量，使室内温度下降。晚上则打开盖板，主水袋冷却。自动化程度高的屋顶池式太阳房的保温盖板还可以根据室内温度、水袋温度及太阳的辐射照度等参数，自动调节盖板的开度。

### 5. 太阳能温室

太阳能温室是最早利用太阳能进行采暖的一种建筑物，常见的玻璃暖房、花房和塑料大棚都是太阳能温室。与上述4种被动式太阳房不同的是，其采暖的目的是农业生产而不是供人类居住，因此也有将其归入太阳能在农业上的应用而进行单独分类。

早期建造的太阳能温室功能单一，仅仅是利用太阳能使温室内保持较高的温度，是典型的被动式太阳房。而先进的太阳能温室已大量采用聚酯树脂板和玻璃钢等新型材料建造，面积也在逐渐加大，有些还可以在里面使用农业机械，除了能充分利用太阳能使其内保持一定的温度外，还可以进行湿度、太阳辐射照度等参数的调节，甚至通过计算机模拟大自然的各种最优环境，保证作物最佳的生长条件，从功能上已经从被动式太阳房过渡为主动式太阳房。在现代化的太阳能温室中，可以进行遗传工程研究，也可采用无土栽培等先进技术。

## （二）主动式太阳房

为了满足现代人对建筑舒适度的要求，利用太阳能作为主要替代能源为建筑完成供暖、空调、照明等主要功能，这样的建筑被称为主动式太阳房。它是由太阳集热器、空气或水管道、风机或泵、散热器、储热装置及辅助能源设备等组成的，先进的主动式太阳房还有太阳能空调系统、热泵系统及太阳能发电系统，可以对室温进行主动调节。一般来说，主动式太阳房的造价比被动式太阳房要高。

与被动式太阳房一样，主动式太阳房的围护结构要有良好的隔热性能。太阳能供暖系统通常采用空气或水为热载体，地板辐射是最适宜采用的采暖方式。目前主动式太阳房主要采用以下3类系统。

### 1. 空气集热式供热系统

该系统以空气为热载体，在房顶或室外空地设置太阳能空气集热器，被加热的空气由风机驱动直接送入室内供暖，也可先通过由碎石等材料做成的储热器将多余的热量储存起来，到阴天或夜间再释放出来。辅助热源通常为热风炉，通过温度控制装置自动操作辅助热源的开闭。这种系统的造价较低，但热交换效率不高，设备体积大，风机的动力消耗也大，约为热水集热式供热系统的10倍。

### 2. 热水集热式供热系统

该系统以水为热载体，通常采用地板辐射采暖方式，还兼备生活热水供应系统，效率较高。随着真空管型集热器等性能的提高，将逐步成为主动式太阳房的主导供热方式。热水集热式供热系统由太阳集热器、集热循环泵、供热水箱、采暖循环泵、蓄热水箱、辅助热源系统（如锅炉）及地板辐射采暖盘管等组成。其中地板辐射采暖盘管是向室内供热的关键设备，在房屋修建时就预埋在地板中，盘管下面铺设保温层，上面铺设地板的面层。使用时，采暖循环泵将供热水箱中的热水送入盘管，热水通过盘管向房间内放出热量后自身温度降低，被送回蓄热水箱，并由集热循环泵送至太阳集热器重新加热。当夜间或日照不足时，开启辅助热源系统保证供热。

### 3. 太阳能空调系统

如果在上述热水集热式供热系统的基础上加装一套以太阳能为驱动的制冷机组，就组成了太阳能空调系统，夏季启动制冷机组为房屋供冷，冬季则启动热水系统采暖。

## （三）零能建筑

零能建筑是指在使用过程中所需的全部能量均由太阳能提供的建筑，包括采暖、供冷、供电和热水供应等，常规能源的消耗为零。零能建筑往往综合应用太阳能的光热和光电转换技术，以最大限度地采集太阳能。

# 第三节　太阳能光电利用技术

太阳能的光电利用技术是将太阳的辐射能直接转换成电能。这种技术具有许多独特的优点，如无噪声、无污染、安全可靠、不受地域限制、不用消耗任何燃料、无机械运转部件、设备可靠性高、无须人工操作、建设周期短、规模可大可小、无须架设复杂的输电线路、可以很好地与建筑物结合等，常规发电与其他发电方式都不能与其相比拟。

## 一、太阳能光伏发电

太阳能发电分光热发电和光伏发电。光热发电是将太阳能聚集起来，加热工质（一般是经处理的水），产生一定温度压力的蒸汽驱动汽轮发电机组发电；光伏发电直接利用电池板收集太阳能并转换成电能。目前，不论产销量、发展速度和发展前景，光热发电都比不上光伏发电。可能因光伏发电普及较广而接触光热发电较少，通常所说的太阳能发电往往指的就是太阳能光伏发电，简称光电。

### （一）太阳能光伏发电系统的组成

太阳能光伏发电系统主要由太阳能电池组件、蓄电池、控制器、逆变器与交流负载构成。

#### 1. 太阳能电池组件

太阳能电池组件是为系统提供电能的元件，它无须通过热过程直接将太阳能转换为电能，输出直流电。

#### 2. 蓄电池

蓄电池是系统中的储能元件，在夜间或阴雨天保证向负载供电，有太阳时将太阳能电池组件输出的电能储存起来，夜间或阴雨天将电能输出到负载。

#### 3. 控制器

控制器是系统中最重要的设备。它对系统的电能进行调节和控制，一方面把调整后的电能送往直流负载，另一方面把多余的能量送往蓄电池组储存。蓄电池性能的好坏，对蓄电池的使用寿命影响很大，并最终影响系统的可靠性。

#### 4. 逆变器

逆变器是系统中的电能转换装置，太阳能电池发出的是直流电，而一般的负载是交流负载，必须将直流电转换为交流电才能满足需要。逆变器将直流电转换成220伏、50赫兹交流电或其他类型的交流电，供给交流用电设备。

#### 5. 交流负载

交流负载是将交流电能转化为其他形式能量的装置，如交流节能灯、电视机、电冰箱、洗衣机等。

### （二）太阳能光伏发电系统的运行方式

#### 1. 离网运行系统

离网运行系统是未与公共电网相连接的闭合系统，主要应用于远离公共电网的无电地区。

#### 2. 并网运行系统

并网运行系统是与公共电网相连接的光伏发电系统。这种光伏发电系统和水电站、火电站一样，成为光伏电站。光伏并网发电是光伏电源的发展方向，是当今世界太阳能发电技术发展的主流趋势，特别是其中的光伏与建筑相结合的并网屋顶光伏发电系统，是众多发达国家竞相发展的热点，发展迅速，市场广阔，前景诱人。

根据并网光伏发电系统是否配置储能装置，分为有储能装置和无储能装置并网光伏发电系统。配置蓄电池的系统称为有储能系统，不配置蓄电池的系统称为无储能系统。

## 二、太阳能电池

### （一）太阳能电池概述

太阳能电池是一种利用太阳光直接发电的光电半导体薄片，又称为太阳能芯片或光电池，它只要被满足一定照度条件的光照到，瞬间就可输出电压及在有回路的情况下产生电流。在物理学上称为太阳能光伏，简称光伏。

太阳能电池质量轻、无活动部件、使用安全、单位质量输出功率大，既可用作小型电源，又可组合成大型电站，广泛应用于各行各业。

2024年2月29日，国家统计局发布《中华人民共和国2023

年国民经济和社会发展统计公报》，2023年太阳能电池（光伏电池）产量5.4亿千瓦，增长54.0%。

### （二）太阳能电池方阵

太阳能电池方阵可分为平板式和聚光式两大类。平板式方阵，只需要把一定数量的太阳能电池组件按照电气性能要求串并联即可。不需要加装汇聚阳光的装置，结构简单，多用于固定安装场合。聚光式方阵，加有汇聚阳光的收集器，通常采用平面反射镜、抛物面反射镜或菲涅尔透镜等装置聚光，以提高入射光的辐射照度。聚光式方阵可比相同输出功率的平板式方阵少用一些组件，从而使成本下降，但通常需要装设向日跟踪装置，而装置要消耗电能。

组成太阳能电池方阵的太阳能电池组件一般用支架固定，方阵支架是组件的支撑体，安装可采用多种形式，如地面、屋顶、建筑一体化。屋顶、建筑一体化的安装形式应考虑支撑面荷载能力。地面安装的方阵支架宜采用钢结构，应有足够强度，满足方阵静荷载及动荷载要求，保证方阵牢固、安全和可靠。

### （三）太阳能电池的类型

太阳能电池可按材料分为如下3类。

#### 1.单晶硅太阳能电池

硅系列太阳能电池中，单晶硅太阳能电池的转换效率最高，技术最成熟（一般采用表面织构化、发射区钝化、分区掺杂等技术），使用寿命也最长。但受单晶硅太阳能电池材料价格及烦琐的电池制备工艺的影响，其成本居高不下，并且要大幅度降低其成本是非常困难的。

### 2. 非晶硅薄膜太阳能电池

非晶硅薄膜太阳能电池资源丰富、制造过程简单且成本低，便于大规模生产，普遍受到重视并得到迅速发展，但与单晶硅太阳能电池相比，其光电转换效率较低、稳定性较差。

### 3. 多晶硅薄膜太阳能电池

通常的晶硅太阳能电池是在厚度350～450微米的高质量硅片上制成的，为节省材料，人们采用化学气相沉积法制备多晶硅薄膜太阳能电池。先用低压化学气相沉积法在衬底上沉积一层较薄的非晶硅层，再将这些非晶硅层退火，得到较大的晶粒，然后再在这些晶粒上沉积厚的多晶硅薄膜，因此，再结晶技术是很重要的一个环节。多晶硅薄膜电池由于所使用的硅远比单晶硅少，没有效率衰退问题，并且还有可能在廉价衬底材料上制备，其成本远低于单晶硅电池，而效率又高于非晶硅薄膜电池。

现在的太阳能电池以硅半导体材料为主，即多为单晶硅与多晶硅电池板。多晶硅太阳能电池性价比最高，是结晶类太阳能电池的主流产品，占现有市场份额的70%以上。非晶硅在民用产品中也有广泛的应用，如电子手表、计算器等，但它的稳定性和转换效率劣于结晶类半导体材料。

## 三、太阳能路灯

太阳能路灯（图2-3）在照明领域作为太阳能发电系统的主要应用模式，被认为是高效、节能、环保、健康的照明。太阳能路灯以太阳光为能源，白天在光照条件下，太阳能电池将所接受的光能转化为电能，经过充电电路对蓄电池充电，夜间太阳能电池停止工作，蓄电池给负载供电。

图 2-3　太阳能路灯

　　太阳能路灯系统无须复杂昂贵的管线铺设，可任意调整灯具的布局，安全节能，无污染，无须人工操作，工作稳定可靠，节省电费，免维护。太阳能路灯是采用晶硅太阳能电池供电，由免维护阀控式密封蓄电池储存电能，以超高亮LED灯具作为光源并由智能化充放电控制器控制，用于代替传统公用电力照明的路灯。太阳能路灯可广泛应用于主、次干道和小区、工厂、旅游景点、停车场等场所。

　　我国太阳能路灯首先在沿海发达地区使用。2005年上海崇明岛建设了风光互补道路照明工程。2006年北京市北村照明工程全部采用太阳能照明。在2008年北京奥运会前，由于北京奥组委提出"绿色奥运"的口号，所以在北京奥运会场地及其相关会场中90％使用太阳能照明灯。此类太阳能路灯类工程在国内已有很多。近几年，在西藏、新疆、昆明等西部或者是偏西部地区，由于电能供应距离太远、损耗过大，现在越来越多地采用太阳能路灯这种绿色无污染、节能环保的照明方式来替代一些常规路灯的照明方式。

太阳能路灯是如今最为理想的道路照明灯具，随着人们生活水平的提高和科学研究的不断发展，它将被广泛地运用到各地区。除了太阳能路灯之外，常见的太阳能灯具还包括太阳能草坪灯（图2-4）、太阳能航标灯、太阳能交通警示灯等。

图2-4　太阳能草坪灯

# 第三章

# 风能利用技术

## 第一节　风与风能概述

### 一、风

#### （一）风的形成

大气时刻不停地运动着，它的运动能量来源于太阳辐射。太阳辐射对地表各处的加热并不是均匀的，因而形成了地区间的冷热差异，引起了空气上升或下沉的垂直运动，空气的上升或下沉，导致了同一水平面上的气压差异。单位距离的气压差称为气压梯度。只要水平面上存在气压梯度，就产生了促使大气由高压区流向低压区的力，这个力就称为水平气压梯度力。在这个力的作用下，大气会从高压区向低压区作水平运动，这就形成了通常所说的风。

水平气压梯度力是垂直于等压线，并指向低压的。如果没有其他外力的影响，风向应该平行于气压梯度的方向，但因为地球的自转，使空气的水平运动方向发生了偏转，而这种使空气运动发生偏转的力定义为地转偏向力，它使风向逐渐偏离气压梯度力的方向：北半球向右偏转，南半球向左偏转。由此可见，地球上的大气除了受到水平气压梯度力的作用以外，还受到地转偏向力的影响。此外，空气的运动，特别是地面附近空气的运动不仅受到这两个力的支配，而且在很大程度上受海洋、地形如山隘和海峡、丘陵山地等的影响，从而造成了风速的增大或减小。

### （二）风速与风向

风速，即空气流动的速度，通常用来衡量风的大小，可定义为单位时间内空气在水平方向上的位移，常以米/秒、千米/时为单位。测量风速的仪器有很多，常见的有旋转式风速计、压力式风速计、散热式风速计和声学风速计等。因为风是不恒定的，风速仪所测得的仅仅是风速的瞬时值。气象报告里出现的风速值通常是指在一段时间内多次测量所得的瞬时风速的平均值。根据时间段的不同而分为日平均风速、月平均风速或年平均风速。一般来说，风速会随着高度的升高而增强，风速仪放置的位置不同，测量结果也会有相应的差异，通常选取10米作为测量高度。

空气团运动的方向称为风向。如果气流从北方吹来就为北风。

### （三）风级

风级，即风力的等级，用于衡量风对地面或海面物体的影响程度。1805年英国人弗朗西斯·蒲福把风力分为13个等级（从0级风到12级风）。除了用数字表示等级之外，还有一套自成系统的表示风力大小的具体名称，如"强风""狂风""飓风"等。蒲福创立的风级，具有科学、精确、通俗、适用等特点，已被各国气象界及整个科学界认可并采用。20世纪50年代，测风仪器的发展使人们发现自然界的风力实际可以大大地超过12级，蒲福风级几经修订补充，现已扩展为18个等级（从0级风到17级风）。事实上，17级以上的风虽极为罕见，但也出现过，只是现在还没有制定出衡量它们级别的标准。

## 二、风能的概念

风能是地球表面大量空气流动所产生的动能。由于地面各处受太阳辐照后气温变化不同和空气中水蒸气的含量不同，因而引起各地气压的差异。在水平方向高压空气向低压地区流动，即形成风。风能资源取决于风能密度和可利用的风能年累积小时数。

风能储量巨大且是一种清洁的，取之不尽、用之不竭的可持续利用的再生能源，因而在当前化石能源面临枯竭和生态环境严重污染的情况下，已成为全球能源开发利用的一大热点。

## 三、我国风能资源的分布情况

我国位于亚欧大陆的东部，濒临世界最大的大洋——太平洋，强烈的海陆差异，在我国形成世界上最大的季风区，加上辽阔的国土面积、复杂的地形，从而形成我国丰富的风能资源。我国风能资源可划分为3种类型。

### 1.风能资源丰富区

风能资源丰富区主要集中在我国东南沿海、广东沿海及其岛屿。这些地区的有效风能功率密度在200瓦/米$^2$以上，全年风速大于3.5米/秒的时间为7 000~8 000小时。

## 2. 风能资源较丰富区

风能资源较丰富区主要集中在东北、华北和西北北部地区；黑龙江、吉林的东部及辽宁和山东半岛的沿海地区；青藏高原的北部地区。东南沿海距海岸线50~100千米的内陆地区、海南岛西部，以及新疆阿拉山口地区。这些地区有效风能功率密度为150瓦/米²以上，全年风速大于3.5米/秒的时间在4 000小时以上。

## 3. 风能资源可利用区

风能资源可利用区分布较广，包括黄河，长江，黄河中下游，东北、华北和西北除上述丰富区以外的地区，青藏高原东部地区等。

## 四、风能利用的主要形式

风能的利用是将大气运动时所产生的动能转化成其他形式的能量。其形式有很多，包括风力发电、风力提水、风帆助航和风力制热等。可以说，风能是人类最早学会利用的能源之一。风能利用的历史悠久，早在上千年前，我们的祖先就利用风车提水、灌溉、加工农副产品了。我国是最早使用帆船和风车的国家之一，唐代有诗云："长风破浪会有时，直挂云帆济沧海""用风帆六幅，车水灌田，淮阳海皆为之"，可见，当时人们已经懂得利用风帆驱动水车灌田的技术了。到了12世纪，风车排水等技术传入了欧洲，风力机械成为动力机械的一大支柱。但随后煤炭、石油、天然气等能源的出现，使风力机械逐渐被淘汰。20世纪后半叶，随着能源危机的加剧以及环境的恶化，洁净可再生的风能又重新得到重视，其中风力发电成为现代风能利用的主要形式。

<h1 style="text-align:center">第二节 风力发电</h1>

## 一、风力发电的特点

风力发电（图3-1）的工作原理就是风轮在风力的作用下旋转，将风的动能转变为风轮轴的机械能，风轮轴带动发电机旋转发电。

图 3-1 风力发电

### （一）风能的随机性大

风能是太阳能的变异，风速随大气的温度、气压等因素的不同有着较大的变化，是随机和不可控的，这样作用在风轮机转子叶片上的风能也是随机和不可控的，进而发电机的输入机械功率也存在一定的不可控性。

### （二）风轮机转动惯量大

由于风轮直径大，巨大的风轮机转子叶片使风轮机具有较大的转动惯量。

### （三）风能密度低

由于空气的密度低，要获得比较大的功率，风轮的直径要做得很大，风轮装置庞大。

### （四）风轮机与发电机之间的柔性连接

风轮机转子的转速一般不会很高，与发电机转动的速度相差比较大，它们之间不可能直接连接，必须通过一定变比升速齿轮箱进行转动，这样风轮机和发电机之间的刚性度大大降低，也就是说风轮机和发电机之间是柔性连接的。

## 二、风力发电的模式

风力发电模式分为并网风电和独立风电两大类，即通常所说的并网型风机与离网型风机。

### （一）并网型风机

并网型风机的风电机组直接与电网相连接。由于风电的输出功率是不稳定的，电网系统内还需要配置一定的备用负荷。为了防止风电对电网造成冲击，风电场装机容量占所接入电网的比例不宜超过5%，这成了限制风电场向大型化发展的一个重要制约因素。

## （二）离网型风机

离网型风机是指10千瓦以下的风力发电机组，多用于在电网不易到达的边远地区，如高原、牧场、海岛等。由于风力发电输出功率的不稳定性和随机性，需要配置蓄能装置，在涡轮风电机组不能提供足够的电力时，为用户提供应急动力。最普遍使用的就是蓄电池，风力发电机在正常运转时，在为用电装置提供电力的同时，将剩余的电力通过逆变装置转换成直流电，向蓄电池充电；当风力减弱，发电机不能正常提供电力时，蓄电池通过逆变器转换为交流电，向用电装置供电。

## 三、风力机

风力机是一种将风能转换为机械能的动力机械，又称风车。风车最早出现在波斯，起初是立轴翼板式风车，后又发明了水平轴风车。风车传入欧洲后，15世纪在欧洲已得到广泛应用。荷兰、比利时等国为排水建造了功率达66千瓦以上的风车。18世纪末期以来，随着工业技术的发展，风车的结构和性能都有了很大提高，已能采用手控和机械式自控机构改变叶片桨距来调节风轮转速。

风力机用于发电的设想始于1890年丹麦的一项风力发电计划。到1918年，丹麦已拥有风力发电机120台，额定功率为5～25千瓦不等。第一次世界大战后，飞机螺旋桨制造技术的提高及近代空气动力学的发展，为风轮叶片的设计创造了条件，出现了大直径、高转速的现代风力机。

按风力机风轮轴的不同可分为水平轴风力机和垂直轴风力机。能量驱动链（风轮、主轴、增速箱、发电机）呈水平方向、转轴平行于气流方向的，称为水平轴风力机（图3-2）。

能量驱动链呈垂直于地面和气流方向的，称为垂直轴风力机（图3-3）。

图 3-2　水平轴风力机　　图 3-3　垂直轴风力机

### （一）水平轴风力机

水平轴风力机是研究得最深入、技术最成熟、使用最广泛的一种风力机。大部分水平轴风力机都将发电机集成于机舱内，形成风能—机械能—电能的转换系统，通过导线直接向外输出电力。

水平轴风力发电机主要由叶轮、机舱、传动系统、发电机、偏航系统、控制系统、塔架与基础等部分组成。

### 1. 叶轮

叶轮由叶片和轮毂组成，其作用是将风能转变为机械能，是机组中最重要的部件，直接决定风力机的性能和成本。风力机有上风式、下风式两种，叶片数量为2～3片，通常为上风式、3叶片，叶尖速度为50～70米/秒。研究表明，3叶片叶轮受力平衡，轮毂结构简单，能够提供最佳效率，从审美的角度来讲也令人满意。

叶片是叶轮的主要部分，是转化流动空气动能的载体，工作中的叶片可以看作旋转的机翼。在进行叶片设计时，选择最佳的叶片翼型和尺寸，使风轮具有优异的空气动力特性，是风力机高效工作的前提。

常用的叶片材料是加强玻璃塑料（GRP）、木头或木板、碳纤维增强塑料（CFRP）、钢和铝等。对于大型风机，叶片材料的选择对风车的高效稳定运行非常重要。大多数大型风力机的叶片是由GRP制成的，GRP俗称玻璃钢，具有质量小、强度高、成型方便等优点。

2. 机舱

机舱为风力发电机的机械、电气、自动控制等部件提供一个稳定、安全的工作环境。机舱包括机舱盖和底板，机舱盖起防护作用，底板支撑着传动系部件。

3. 传动系统

传动系统的作用是将叶轮所获得的机械能传输给发电机，并将转速提升到发电机的额定转速，主要包括低速轴、齿轮箱和高速轴、轴承、联轴器和机械刹车等部件。齿轮箱有平行轴式和行星式两种，大型机组中多采用行星式。

4. 发电机

发电机将机械能转换为电能。主要有感应电机和同步电机两种，感应电机因其可靠、廉价、易于接入电网，因而得到广泛使用。

## 5. 偏航系统

风力机的偏航系统也称对风装置，其作用在于当风速矢量的方向变化时，能够快速平稳地对准风向，以便风轮获得最大的风能。

中小型风力发电机常用舵轮作为偏航系统。当风向变化时，位于风轮后面两舵轮（其旋转平面与风轮旋转平面相垂直）旋转，并通过一套齿轮传动系统使风轮偏转，当风轮重新对准风向后，舵轮停止转动，对风过程结束。

大中型风力发电机通常采用电动的偏航系统来调整风轮并使其对准风向。偏航系统包括感应风向的风向标、偏航电机、偏航行星齿轮减速器、回转体大齿轮等。风向标作为感应元件将风向的变化用电信号传递到偏航电机的控制回路的处理器，经比较后处理器给偏航电机发出顺时针或逆时针的偏航命令，电机转速带动风轮偏航对风，当对风完成后，风向标失去电信号，电机停止工作，偏航过程结束。

## 6. 控制系统

控制系统要保障机组在各种自然条件与工况下正常、安全地运行，包括调速、调向和安全控制等功能，由传感器、控制器、功率放大器、制动器等主要部件组成。

## 7. 塔架与基础

塔架与基础保障风力机在设计受风高度上安全运行。塔架高度通常为叶轮直径的1~1.5倍，主要有柱式和桁架式两种，常用柱式，以钢或混凝土为材料。塔架在工作过程中，会发生各种形式的震动，其刚度在风力机动力学中是主要因素。

作为风力发电的主力机型，水平轴风力发电机也在不断发展之中，主要是从定桨距叶轮向变桨距叶轮、从定速型向变速型、从千瓦级机组向兆瓦级机组、从有齿轮箱式向直接驱动式转变。

## （二）垂直轴风力机

垂直轴风力机可分为阻力型和升力型两大类型。阻力型是指利用空气动力的阻力做功，典型的结构是"S"形风轮，它由两个轴线错开的半圆柱形组成，其优点是启动转矩较大，缺点是由于围绕着风轮产生不对称气流，从而对它产生侧向推力。

升力型是指利用翼型的升力做功，最典型的是达里厄型风力机。这种类型的风力机最初由法国人G. J. M. Darrieus于1925年发明，1931年获得专利授权。后人进行了大量的研究，使其逐步完善。达里厄型风力机有多种形式，如"Φ"形、"H"形、"Y"形和菱形风轮，以"H"形、"Φ"形风轮最为典型。"H"形风轮结构简单，但这种结构造成的离心力可使叶片在其连接点处产生严重的弯曲应力。此外，直叶片需要采用横杆或拉索支撑，这些支撑将产生气动阻力，降低风力机的效率。"Φ"形风轮看起来像是个巨型打蛋器，所采用的弯叶片只承受张力，不承受离心力荷载，从而使弯曲应力减至最小。由于材料所承受的张力比弯曲应力要强，所以对于相同的总强度，"Φ"形风轮比较轻，且比直叶片可以以更高的速度运行。

与水平轴风力机相比，垂直轴风力机的优点和缺点都很明显。其优点是叶轮的转动与风向无关，因此不需要像水平轴风力机那样设置偏航系统；能量传递和转换过程相对简单；可以方便地安装在地面上，因而不需要设置昂贵的塔架，设备制造、运行、维护成本都较低。主要缺点是风轮高度低，风速小，能接收的风能就小；运行中的风力机的叶片的受力大小总是不断产生周期性的变化，增加了风轮的气动载荷，易形成叶片的自激震动与材料的疲劳破坏。

# 第三节 风能的其他利用

## 一、风力提水

以风能提供动力，将水从低位送到高位的过程称为风力提水，特指将地下水抽至地表的过程。风力提水既可由风力机直接带动水泵抽水，又可由风力发电机发出的电力驱动电动机旋转再带动水泵工作，也可以用风力产生压缩空气抽水，通常所说的风力提水是指第一种情况。用于风力提水的水泵可选用往复泵、回转式容积泵或叶片式泵。在系统设计时，应充分考虑风轮与水泵性能的良好匹配。

目前我国开发的风力提水装置主要有以下两类。

### （一）高扬程小流量型风力提水机组

高扬程小流量型风力提水机组是由低速多叶片风力机与活塞水泵相匹配组成的。这类机组的风轮直径一般都在6米以下，水泵扬程为10～150米，流量为0.5～5米$^3$/时，主要用于提取深井地下水。

我国的内蒙古、甘肃、青海、新疆等西北各省区草原面积大，地表水匮乏，牧区电网覆盖率低，燃油短缺，而风能资源丰富，地下水资源也比较丰富，适宜采用这种类型的风力提水机组。

### （二）中扬程大流量型风力提水机组

中扬程大流量型风力提水机组是由高速桨叶匹配容积式水泵组成的提水机组，主要用来提取地下水。这类提水机组的风轮直径一般为5～8米，水泵扬程为0.5～20米，流量为15～100米$^3$/时。

此类机组在我国的东北地区有较好的应用条件。如黑龙江的三江平原和吉林的白城地区，风能资源较好，地下水埋深为3～6米，利用风力提水进行农业灌溉，可大大降低生产成本。

## 二、风力致热

利用风能供热有着广阔的应用前景，所产生的低品位热能可用于工业、农业和日常生活中。如在水产养殖中，通过风力致热提高水温，可提高产量，使热带鱼类安全越冬。用在沼气池的增温加热，可提高生成沼气的速度。用在温室大棚中，可用于反季节农作物的种植（图3-4）。风力致热所获得的热量还可以用于农副产品加工、农户冬季采暖及生活用水等。

**图3-4　温室大棚中的热风机**

风力致热主要有以下6种形式。

## （一）搅拌式致热

搅拌式致热可将风车所获得的机械能直接转换为热能。它是通过风力机驱动搅拌器转子转动，转子叶片搅拌液体容器中的载热介质（如水或其他液体），使之与转子叶片及容器摩擦、冲击，液体分子间产生不规则碰撞及摩擦，提高液体分子温度，将致热器吸收的功转化为热能。

## （二）固体摩擦致热

固体摩擦致热装置的基本工作原理与搅拌式致热相似，由风力机驱动一组摩擦片，利用运动中的摩擦片与静止的容器壁面摩擦生成热能并加热载热介质（如水或其他液体）。

## （三）压缩空气致热

用风力机带动空气压缩机压缩空气，使其温度、压力升高。这种方法在获得热能的同时，也能获得压力能。

## （四）节流式致热

由风力机驱动液体泵使流体升压，再将高压流体通过节流降压的方式完成从风能—机械能—压力能—热能的转换。

## （五）涡电流致热

利用导体切割磁力线，形成涡电流而产生热。

## （六）电热致热

利用风力发电，使电流通过电阻丝发热，加热空气或水。

# 第四章 水能利用技术

## 第一节 水能概述

### 一、水能资源

我国是世界上水力资源较为丰富的国家之一，理论蕴藏量达6.76亿千瓦，约占全世界的1/6，居世界第一位。水电在中国经历了多个发展阶段，总装机容量从1980年的约1 000万千瓦，跃增至2016年的3.3亿千瓦。水电产量占全国总发电量的20%。2006年，我国最大的水轮发电机组——三峡电站机组首次实现满负荷发电，到2008年年底，三峡电站26台70万千瓦的水轮发电机组全部投入使用，年均发电量达到847亿千瓦·时。

我国水能资源呈现以下特点。

### （一）水能资源分布不均

我国的地形西高东低，呈阶梯状，由西南的青藏高原、西部的帕米尔高原向东部沿海地区逐渐降低；降水量则随各地距海洋的远近和地形条件变化，由东南向西北逐渐减少，而且河道径流量年内、年际变化大；西部地区河道坡陡落差大；南部地区径流丰富。这些地形和降水的特点造成了我国水能资源时空分布极不均匀的特点。

水能资源主要集中在西南地区，其可开发电量占全国总量的67.8%；其次是中南地区占15.5%；西北地区占9.9%，而东北、华北、华东3个经济较发达地区的可开发电量仅占全国总量的6.8%。按江河流域来分，长江流域技术可开发水能资源占全国的53.4%；雅鲁藏布江及西藏诸河占15.4%；西南国际诸河占10.9%；而海河、淮河、东北、东南诸河及新疆内陆合计只占8.4%。

## （二）水电开发力度不均

我国水电开发利用从流域来看，海河流域和松辽流域水能资源开发率已超过37%，黄河流域、淮河流域也在30%左右，珠江流域为25%，长江流域不到10%，而西南诸河更不到5%。各省区开发率差别很大，东、中部经济发达省份远高于西部省份。河南、辽宁、吉林、福建、安徽、北京、天津、河北、湖北和海南等省市都在50%以上，其中河南、辽宁、湖北、吉林均超过80%。虽然这些省区水能资源开发力度很大，但由于资源相对较少，其总量不及全国的6%，而西藏、云南、四川等水能资源较多的省区开发率则大都很低。

## （三）水能资源开发中大中型水电站所占比重大

我国水能资源开发中大中型水电站所占比重较大。大中型水电站因其规模庞大，所需投资自然也相应巨大。这些水电站不仅涉及庞大的建筑工程，还需要先进的发电设备和技术支持，以确保其高效稳定运行。正是这些巨大的投资，使得大中型水电站能够产生巨大的能源效益，满足我国日益增长的电力需求，对经济社会发展起到了重要的支撑作用。

然而，大中型水电站的建设和运营对环境产生了不可忽视的影响。在建设过程中，大规模的土方开挖、水库蓄水等都会对地形地貌、植被覆盖等造成破坏。同时，水电站运行过程中，水流的改变也会对河流生态、水质等产生影响。此外，水电站的建设还涉及移民安置、土地利用等社会问题，需要政府和企业共同努力解决。

## 二、水能利用

水能利用是指充分、合理地利用江河水域因上、下游落差所蕴藏的能量。

### （一）水能开发利用的原理

水能开发主要是开发利用水体蕴藏的能量。由于地球的引力作用，物体从高处落下，可以做功，产生一定的能量。根据这个原理，水总是由高处往低处流，挟带着泥沙冲刷着河床和岸坡，同样在流动过程中具有能量，可以做功。水位越高，流量越大，产生的能量也越大。天然河道的水体，具有势能、压力能和动能3种机械能。水能利用主要是指将水体中所含的势能通过动能转换成电能。

### （二）水资源开发利用的原则

水能利用是水资源综合利用的重要环节。水资源是国家的宝贵财富，它有多方面的开发利用价值。与水资源关系密切的部门有水力发电、农业灌溉、防洪与排涝、工业和城镇供水、航运、水产养殖、水生态环境保护、旅游等。因此，在开发利用河流水资源时，要从整个国民经济可持续发展和环境保护的需要出发，全面考虑，统筹兼顾，尽可能满足各有关部门的需要，贯彻综合利用的原则。

水资源综合利用的原则是：按照国家对生态环境保护、人水和谐、社会经济可持续发展的战略方针，充分合理地开发利用水资源，来满足社会各部门对水的需求，又不能对未来的开发利用能力构成危害，在环境、生态保护符合国家规定的条件下，尽可能获取最大的社会、经济和生态环境综合效益。为此，应力争做到"一库多用""一水多用""一物多能"等。例如，水库防洪与兴利库容的结合使用；一定的水量用于发电或航运（只利用水能或浮力而不耗水），再用于灌溉或工业和居民给水（用水且耗水）；水工建筑要有多种功能，如蓄水泄水底孔（或隧洞）兼有泄洪、下游供水、放空水库和施工导流等多种作用。因此，综合利用不是简单地相加，而是有机地结合，综合满足多方面需要。

由于综合利用各有关部门自身的特点和用水要求不同，这些要求既有一致的方面，又有矛盾的方面，其间存在着错综复杂的关系。因此，必须从整体利益出发，在集中统一领导下，根据实际情况，分清综合利用的主次任务和轻重缓急，妥善处理相互之间的矛盾关系，才能合理解决水资源的综合利用问题。

# 第二节　水力发电

## 一、水力发电的特点

江河水流因地形变化，由高处向低处流动，由于高度差，形成一定的势能，水在流动时也具有一定的动能。水力发电就是利用水流下泻的势能和动能做功，推动水轮旋转，带动发电机发出电力。

### （一）水力发电的优点

水能与煤炭、石油、天然气一样属于天然能源，通过推动水轮机发电转化为人工能源。但是煤炭、石油、天然气发电需要消耗这些不可再生的燃料，并在转换过程中产生大量的二氧化碳、硫化物等污染物。而水力发电则不消耗水能资源，仅仅利用了江河流动所具有的能量。

水作为一种资源可由自然界水循环中的降水补充，使水能资源成为不会枯竭的再生能源。相对于火力发电，水力发电的成本较低，水电站建成后，能够连续提供廉价的电力。水力发电还可以和其他水利事业结合起来，为发电而修建的水库可为防洪、灌溉、供水、航运等多项事业提供便利。

水电站中装设的水轮机开启方便、灵活，适宜于作为电力系统中的变动用电器，有利于保证供电质量。

### （二）水力发电的缺点

水力发电也有其固有的缺点。在修建大型水库时，往往要搬迁相当数量的库区群众，既会增加投资，又会增加一系列的移民安置等间接工作，这是建设大型水电站特有的问题。

水电同样会造成另一种形式的环境污染。建坝截流蓄水，把流动的活水变成了静止的死水，其自净能力就会大大降低，造成藻类疯长，导致水库水体的富营养化，水质下降。被淹没的植物有机物在水中分解，造成大量的硫化氢、二氧化碳和甲烷气体的释放。

流动水体变成静止水体，还导致淡水大量蒸发、水体中的盐分上升、下游河道干涸、地下水位下降、土地盐碱化、湿地和河口三角洲消失。

建坝蓄水会造成流域生态系统的破坏，使河流中的珍贵、稀有的鱼类栖息环境改变，洄游和产卵通道被截断，可能导致物种的灭绝。

## 二、水力发电系统

水力发电站是把水能转换为电能的工厂。把水能转换成电能，需修建一系列水工建筑物，一般包括由挡水、泄水建筑物形成的水库和水电站引水系统、发电厂房等，在厂房内安装水轮机、发电机和附属机电设备，水轮发电机组发出电能后再经升压变压器、开关站和输电线路输入电网。水工建筑物和机电设备的总和，称为水力发电系统，简称水电站。

水力发电系统的基本构成包括以下8个部分。

（1）水库。用于储存和调节河水流量，提高水位，集中河道落差，取得最大发电效率。水库工程除拦河大坝外，还有溢洪道、泄水孔等安全设施。

（2）引水系统。用以平顺地传输发电所需流量至电厂，冲动水轮机。

（3）水轮机。将水能转换成机械能的水力原动机，主要用于带动发电机发电，是水电站厂房中的动力设备。通常将它与发电机一起统称为水轮发电机组。

（4）尾水渠。将从水轮机尾水管流出的水流顺畅地排至下游的设备。尾水渠中水流的水势比较平缓，因为大部分水能已经转换为机械能。

（5）传动设备。水电站的水轮机转速较低，而发电机的转速较高，因此需要通过皮带或齿轮传动增速。

（6）发电机。将机械能转换为电能的设备。

（7）控制和保护设备、输配电设备。包括开关、监测仪表、控制设备、保护设备以及变压器等，用于发电和向外供电。

（8）水电站厂房及水工建筑物。

## 三、水力发电的方式

由于河流落差沿河分布，采用人工方法集中落差来开发水电能资源是必要的途径，一般有筑坝式开发、引水式开发、混合式开发、小水电开发等基本方式。

### （一）筑坝式开发

拦河筑坝形成水库，坝前上游水位高，坝后下游形成一定的水位差，在坝址处集中落差形成水头。这种方式引用的河水流量越大，大坝修筑得越高，集中的水头越大，水电站发电量也越大，但水库淹没造成的损失也越大。

用这种方式集中水头，在坝后建设水电站厂房，称为坝后式水电站。如果将厂房作为挡水建筑物的一部分，就称为河床式水电站。

筑坝式开发的特点如下。

（1）河水落差取决于坝高。

（2）可以用来调节流量，水电站引用流量大，电站规模也大，水能利用比较充分，综合利用效益高。

（3）坝式水电站的投资大、工期长。

适用于河道坡降较缓、流量较大、有筑坝建库条件的河段。

我国在20世纪建成的最高大坝是四川的二滩水电站大坝，混凝土双曲拱坝的坝高240米。三峡水电站是世界上总装机容量最大的坝后式水电站，其总装机容量为2 250万千瓦。

## （二）引水式开发

引水式开发是在河流坡降陡的河段上筑一低坝（或无坝）取水，通过人工修建的引水道（渠道、隧洞、管道）引水到河段下游，集中落差，再经压力管道引水到水轮机进行发电的水能开发方式。

引水式开发的特点如下。

（1）水头相对较高，目前最大水头已达2 030米。

（2）引用流量较小，规模较小，最大也就几十万千瓦。

（3）没有水库调节径流，水量利用率较低，综合利用价值较差。

（4）无水库淹没损失，工程量较小，单位造价较低。

根据引水有无压力，分为无压引水式和有压引水式。

世界上最高水头的有压引水式水电站是奥地利雷扎河水电站，其工作水头为1 771米。我国引水隧洞最长的水电站是四川的太平驿水电站，其引水隧洞的长度为10 497米。

### （三）混合式开发

混合式开发是在一个河段上，同时采用筑坝和有压引水道共同集中落差形成水头的开发方式。

这种方式的优点集合了坝式开发和引水式开发两者的优点，主要适用于河段前部有筑坝建库条件，后部坡降大（如有急流或大河弯）的情况。

### （四）小水电开发

小水电从容量角度来说处于所有水电站的末端，它一般是指容量在5万千瓦以下的水电站。在1980年10—11月的第二次国际小水电学术会议上，将小水电定义为：装机容量1 001～12 000千瓦的为小水电站；101～1 000千瓦的为小小水电站，100千瓦及以下为微型水电站。据初步调查，我国可开发农村小水电资源总蕴藏量约为1.3亿千瓦，可开发利用量为8 700万千瓦，居世界第一。

#### 1. 我国小水电建设

截至2016年年底，我国农村水电总装机容量已达7 800万千瓦，年发电量2 680亿千瓦·时，装机容量和年发电量均占全国水电的1/4。农村小水电，照亮了乡村，改善了生态，改变了生活，帮扶了贫弱。

#### 2. 小水电开发的特点

农村小水电资源多分布在人烟稀少、用电负荷分散、大电网难以覆盖、也不适宜大电网长距离输送供电的山区，所以它既是农村能源的重要组成部分，又是大电网的有力补充。农村小水电资源的特点如下：

①农村小水电工程建设规模适中、投资省、工期短、见效

快，不需要大量水库移民和淹没损失；

②由于农村小水电系统服务于本地区，分散开发、就地成网、就近供电、发供电成本低，是大电网的有益补充，具有不可替代的优势；

③农村小水电由于规模小，适合于农村和农民组织开发，吸收农村剩余劳动力就业，有利于促进较落后地区的经济发展。结合农村电气化和小水电代柴工程的实施，开发小水电有利于控制水土流失、美化环境，以及生态环境的保护，有利于人口、资源、环境的协调发展。

## 四、水电站的机电设备

水电站的机电设备包括水轮机和水轮发电机。

### （一）水轮机

水轮机是水电站的关键设备，它是将水能转换成机械能的水力原动机，主要用于带动发电机发电，是水电站厂房中主要的动力设备。通常将它与发电机一起统称为水轮发电机组。

水流的能量包括动能和势能，而势能又包括位置势能和压力势能。根据水轮机利用水流能量的不同，可将水轮机分为两大类，即单纯利用水流动能的冲击式水轮机和同时利用动能和势能的反击式水轮机。

冲击式水轮机主要由喷嘴和转轮组成。来自压力钢管的高压水流通过喷嘴变为极具动能的自由射流。它冲击转轮叶片，将动能传给转轮而使转轮旋转。按射流冲击转轮方式的不同，又可分为水流与转轮相切的水斗式（或称切击式）、水流斜侧冲击转轮的斜击式和水流两次冲击转轮的双击式3种。后两种形式结构简单，易于制造，但效率低，多用于小型水电站中。水斗式水轮机是目前应用最广的一种冲击式水轮机，其结构特点是在转轮周围布置有许多勺形水斗。这种水轮机适用于高水头、小流量的水电站。

反击式水轮机的转轮由若干具有空间曲面形状的刚性叶片组成。当压力水流过转轮时，弯曲叶片迫使水流改变流动方向和流速，水流的动能和势能则给叶片以反作用力，迫使转轮转动做功。反击式水轮机也可按转轮区的水流相对于水轮机主轴方位的不同分为混流式、轴流式、斜流式和贯流式4种。

混流式水轮机是广泛应用的一种反击式水轮机。水流开始进入转轮叶片时为径向，流经转轮叶片时改变了方向，最后为轴向从叶片流出。它的结构简单，运行稳定，效率高，适应的水头范围为2~670米，单机出力从几十千瓦到几十万千瓦，适用于小流量电站。

轴流式水轮机是另一种采用较多的反击式水轮机，其特点是进入转轮叶片和流出转轮叶片的水流方向均为轴向。根据转轮的特点，轴流式水轮机又可分为定桨式和转桨式两种。定桨式水轮机运行时叶片不能随工况的变化而转动，改变叶片转角时需要停机进行。其结构简单，但水头和流量变化时其效率相差较大，不适宜于水头和负荷变化较大的水电站，多用于负荷变化不大、流量和水头变化不大（工况较稳定）的小水电站。转桨式水轮机在运行时叶片能随工况的变化而转动，进行双重调节（导叶开度、叶片角度），因此能适应负荷的变化，平均效率比混流式水轮机高，且高效率区宽。它多用在低水头和负荷变化大的大中型水电站。

斜流式水轮机是一种新型水轮机。它的叶轮轴线与主轴线斜交，水流经过转轮时是斜向的。其转轮叶片随工况变化而转动，高效率区宽，可做成转桨式或定桨式。它兼有轴流式水轮机运行效率高和混流式水轮机强度高、抗汽蚀的优点，适用于在高水头下工作。而且斜流式水轮机是可逆机组，既能作为水轮机，又能作为水泵，因此特别适宜于在抽水蓄能电站中应用。

贯流式水轮机是适用于低水头水电站的另一类反击式水轮机。当轴流式水轮机主轴水平或倾斜放置，且没有蜗壳，水流直贯转轮，水流由管道进口到尾水管出口都是轴向的，这种形式的水轮机就是贯流式水轮机。根据水轮机与发电机的装配方式，它又可分为全贯流式和半贯流式。全贯流式发电机的转子安装在转轮外缘，由于转轮外缘线速度大，且密封困难，因此目前已较少采用。半贯流式水轮机有轴伸式、竖井式、灯泡式等形式，其中以灯泡式应用最广，它是将发电机布置在灯泡形壳体内，并与水轮机直接连接，这种形式结构紧凑、流道平直、效率高。

### （二）水轮发电机

水轮发电机是水电站的主要设备之一，它将旋转的机械能转换成电能。水轮发电机分为立轴水轮发电机、卧轴水轮发电机、贯流式水轮发电机。

#### 1.立轴水轮发电机

发电机按推力轴承与转子的相对位置，可分为悬式和伞式两种。悬式发电机的推力轴承位于转子之上的上机架上，发电机有两个导轴承，分别位于上机架和下机架上，上导轴承位于推力轴承之下。伞式发电机的推力轴承位于转子之下的下机架上，这种发电机有一个或两个导轴承。具有两个导轴承时，与悬式发电机的布置相同；具有一个导轴承时，可安置在上机架的中央，也可放在下机架的中央，即在推力轴承的区域内。

　　伞式发电机可减小机组高度、减轻机组重量，在检修发电机转子时，可不拆除推力轴承，这样可减少发电机检修的工作量和缩短检修时间，相应地提高了机组的利用率。但只有在大容量、低转速时采用伞式发电机才是合理的，而小型水轮发电机一般采用悬式结构。

　　立轴水轮发电机机组主要由定子、转子、推力轴承、上导轴承、下导轴承、上部机架、下部机架、通风冷却装置及励磁装置等部件构成。

　　定子是产生电能的主要部件，由机座、定子铁芯、定子绕组等组成。

　　转子是产生磁场的转动部分，包括有转轴、转子中心体、转子支臂、磁轭等。

　　推力轴承用来承受机组转动部分的总重和作用在水轮机组的轴向水压力。

　　上导轴承、下导轴承的作用是使转子置于定子中心位置，限制轴向摆动。

　　上部机架、下部机架用来装置推力轴承和励磁部件及上导轴承、下导轴承。

　　通风冷却装置的作用是控制发电机的升温。冷却方式有空气冷却、氮气冷却和导线内部冷却。

　　励磁装置的作用是向发电机转子提供直流电源，建立磁场。

## 2. 卧轴水轮发电机

小型高速混流式水轮发电机组和小型冲击式水轮发电机组做成卧轴结构。卧轴水轮发电机一般由转子、定子、座式滑动轴承、飞轮及制动装置等组成，常用于中小型水电站。

## 3. 贯流式水轮发电机

贯流式水轮发电机也是卧轴装置，但为特殊的结构形式。目前国内贯流式水轮发电机机组一般为灯泡式结构，发电机装在一个密封的壳体内部，压力水绕过外壳。发电机定子是灯泡体的组成部分，其形式与发电机的直径有关。

# 第五章　生物质能利用技术

## 第一节　生物质能概述

### 一、生物质

#### （一）生物质的定义和形成

生物质是指来源于植物或动物的一切有机物质。《联合国气候变化框架公约》所定义的生物质的概念为：来源于植物、动物和微生物的非化石物质且可生物降解的有机物质。它也包括农林业和相关工业产生的产品、副产品、残渣和废弃物，以及工业和城市垃圾中非化石物质和可生物降解的有机组分。

生物质是一种可持续、可再生的能源，它可通过二氧化碳、空气、水、土壤、阳光、植物及动物的相互作用源源不断的形成。有机体死亡后，微生物将生物质分解成基本组成部分，如水、二氧化碳和潜在能源。生物质在微生物降解和燃烧过程中释放的二氧化碳，全部来自生物质近期生长过程中吸收大气中的二氧化碳，即生物质燃烧过程中产生的二氧化碳不会增加地球上二氧化碳总量。因此，生物质通常被称为温室气体零排放的可再生能源。

植物类生物质通过叶绿素将太阳能转化为化学能而储存在生物质内部形成的能源，同时吸收大气中的二氧化碳和土壤中的水分而储存在植物中的化学能通过食物转移到动物和人类体内，动物和人类的排泄物也会促进植物生长。

## （二）生物质的分类

对于生物质如何进行分类，有不同的标准。例如，依据是否能大规模代替常规化石能源，而将其分为传统生物质能和现代生物质能。广义地讲，传统生物质能指在发展中国家小规模应用的生物质能，主要包括农村生活用能（薪柴、秸秆、稻草）及其他农业生产的废弃物和畜禽粪便等；现代生物质能是指可以大规模应用的生物质能，包括现代林业生产的废弃物、甘蔗渣和城市固体废弃物等。

依据来源的不同，可将适合于能源利用的生物质分为林业资源、农业资源、生活污水和工业有机废水、城市固体废物及畜禽粪便5大类。

### 1.林业资源

林业资源是指森林生长和林业生产过程提供的生物质能，包括薪炭林、大森林抚育和间伐作业中的零散木材、残留的树枝、树叶和木屑等；木材采运和加工过程中的枝丫、锯末、木屑、梢头、板皮和截头等；林业副产品的废弃物，如果壳和果核等。

### 2.农业资源

农业资源是指农业作物（包括能源植物）；农业生产过

程中的废弃物，如农作物收获时残留在农田内的农作物秸秆（玉米秸、高粱秸、麦秸、稻草、豆秸和棉秆等）；农业加工业的废弃物，如农业生产过程中剩余的稻壳等。能源植物泛指各种用以提供能源的植物，通常包括草本能源作物、油料作物、抽取碳氢化合物植物和水生植物等几类。

### 3. 生活污水和工业有机废水

生活污水主要由城镇居民生活、商业和服务业的各种排水组成，如冷却水、洗浴排水、洗衣排水、厨房排水、粪便污水等。工业有机废水主要是食品、制药、造纸及屠宰等行业生产过程中排出的废水等，其中都富含有机物。

### 4. 城市固体废物

城市固体废物主要由城镇居民生活垃圾，商业、服务业垃圾和少量建筑业垃圾等固体废物构成。其组成成分比较复杂，受当地居民的平均生活水平、能源消费结构、城镇建设、自然条件、传统习惯以及季节变化等因素影响。

### 5. 畜禽粪便

畜禽粪便是畜禽排泄物的总称，它是其他形态生物质（主要是粮食、农作物秸秆和牧草等）的转化形式，包括畜禽排出的粪、尿及其与垫草的混合物。我国主要的畜禽包括鸡、猪和牛等，其资源量与畜牧业生产有关。

## （三）生物质的特性

### 1. 储量巨大

生物质具有储量巨大的特点。生物质是指通过光合作用而产生的有机物质，包括植物、动物和微生物等。地球上的生物质资源极为丰富，无论是农作物秸秆、林业废弃物，还是畜禽粪便、城市有机垃圾，都是生物质的来源。这些资源在全球范围内分布广泛、储量巨大，为生物质能的开发利用提供了坚实的基础。

### 2. 环境友好

与化石燃料相比，燃烧生物质产生的二氧化碳量与其生长过程中吸收的二氧化碳量相当，从而实现二氧化碳的零排放。此外，生物质中的硫、氮和灰分含量较低，在利用转化过程中可以减少硫化物、氮化物和粉尘的排放，有助于减轻对环境的污染。生物质作为化工原料时，大部分已高度氧化，可避免氧化步骤，从而进一步减轻了对环境的污染和对人类健康的危害。

### 3. 可再生性

生物质能蕴藏量巨大，而且是唯一可再生、可替代化石能源转化成气态、液态和固态燃料以及其他化工原料或产品的碳资源。只要有阳光照射，绿色植物的光合作用就不会停止，生物质能也就永远不会枯竭。特别是在大力提倡植树、种草、合理采樵、保护自然环境的情况下，植物将会源源不断地供给生物质能资源。

### 4. 兼容性强

生物质的化学组成与化石能源相似，其利用技术和利用方式与传统的化石燃料具有很好的兼容性，且其可以转化为气态、液态和固态燃料，对化石燃料进行良好的替代。可再生能源中，生物质是唯一可以储存运输的能源，加工转换与连续使用更加方便。在用科学的方法利用生物质的能量后，剩余部分还可以还田，改良土壤，提高土地肥力。

## 二、生物质能

### （一）生物质能的定义

生物质能是以生物质为载体的能量。植物通过光合作用将太阳能转化为化学能而储存在生物体内，因此，生物质能是太阳能以化学能形式储存在生物中的一种能量形式。

在各种可再生能源中，生物质能是独特的，在光合作用过程中，植物吸收太阳能及环境中的二氧化碳，构成了生物质中的碳循环，是唯一可再生的碳源，并可以成为固态、液态和气态燃料。目前人类的主要能源——煤炭、石油、天然气等化石能源也是由生物质能转化而来的。每年通过光合作用储存在植物的枝、茎、叶中的太阳能，相当于全世界每年耗能量的10倍、人类消耗矿物燃料的20倍、人类食物能量的160倍。虽然生物质能数量巨大，但目前人类将其作为能源的利用量还不到其总量的1%。未被利用的生物质能，为完成自然界的碳循环，其绝大部分由自然腐解将能量和碳素释放，回到自然界中。

生物质能在人类历史上所起的作用是独特而又巨大的，即使在石油、煤炭等矿物燃料成为人类能源消费主体的今天，生物质能仍是世界第四大能源，目前全世界约25亿人生活能源的90%以上是生物质能。在我国农村，生物质能的消费量占32%～35%，占生活用能的50%～60%。随着人类对生物质能的重视，以及研究开发的逐步深入，其应用水平及使用效率必将进一步提高。

世界上生物质资源数量庞大、形式繁多，其中包括薪柴、农林作物、农业和林业残剩物、食品加工和林产品加工的下脚料、城市固体废弃物、生活污水和水生植物等。近年来，出现了专门为生产能源而种植的能源作物，成为生物质能队伍里的一支生力军。

## （二）生物质能的转化利用途径

生物质能存在于生物体内，以生物质为载体。与太阳能、风能、海洋能等可再生能源相比，生物质能是唯一可运输、储存的实体能源。由于煤炭、石油等矿物燃料是由生物质转化而来的，其组织结构与生物质有许多相似之处，因此，生物质能的转换利用技术与矿物燃料相类似，例如，燃烧就是将生物质能转换为热能的最常用和最直接的方式。除了燃烧，还有生化法、化学法、热化学法和物化法等，其转换的机理各不相同，所得到的生物质能产品也不一样。

## 三、能源植物

生物质是生物质能的载体，充足的生物质是大规模开发利用生物质能的物质保障。能源植物是指能够大量储存并用以提供生物质能的植物。近年来，人类对生物质能的重视程度在不断提高，研究、开发和利用的力度不断加大，局部地区出现某些生物质供应紧张的状况。为了解决这些问题，科学工作者通过现代育种栽培技术，大规模人工种植能源植物，如甘蔗、木薯、甘薯、麻风树等，为生物质能的大规模开发提供了保障。

## （一）能源植物的分类

能源植物种类繁多，涉及植物分类学的大部分种属，其分布也相当广泛，几乎在全球所有气候地理区域都可以找到相应的物种。能源植物的分类法各不相同，其中有两种分类法比较常见。

1.按植物中所含主要化学物质的类别划分

（1）淀粉类能源植物。含有淀粉的植物，如木薯、甘薯、玉米、马铃薯等，可用于发酵法生产燃料乙醇。

（2）糖类能源植物。含有糖类的植物，如甘蔗、甜菜、甜高粱等，可用于发酵法生产燃料乙醇。

（3）纤维素类能源植物。如速生树、芒草等，预处理后可用于发酵法生产燃料乙醇，也可转化为各种气态、液态或固态燃料。

（4）油料类能源植物。含有油脂的植物，如花生、棕榈、油菜、芝麻、大豆、蓖麻、核桃、向日葵、麻风树等，提取其油脂可生产生物柴油。

（5）烃类能源植物。这类植物分泌的汁液成分接近石油甚至成品燃料油，可直接提取使用，故也被称为"石油植物"，如续随子、银胶菊、三角戟、霍霍巴、绿玉树和西谷椰等。

（6）速生丰产薪炭类能源植物。以提供炭为目的而栽种的植物，其生长速度快，对土壤、气候等条件要求低，如加杨、美国梧桐、桉、冷杉、大叶相思、沙枣和泡桐等。

2.按植物的形态和生活环境划分

（1）陆生能源植物。陆生植物是能源植物的主体，依照植物体的形态特征，又可分为木本植物和草本植物。木本植物大多是作为薪炭植物，还有部分是"石油植物"或油料类植物。草本植物生长迅速，生活周期短，更有利于大面积种植，实现产业化。

（2）水生能源植物。主要是指一些特殊的藻类。如美国加利福尼亚州有一种巨型海带，可以提取大量合成天然气。还有一种生长在淡水里的丛粒藻，可以直接排出液态燃油。

## （二）能源植物的育种与栽培

对于人工种植的能源植物，如何获得更多的生物质能，育种和栽培技术十分关键。研究表明，在某年中光合强度高的品种基本上在其他年份也是如此。因此，可以通过选育技术将其遗传特性固定下来，将这些植物作为培育新品种的亲本材料。在遗传育种工作中，杂种优势的利用是一个重要方面，杂交高粱、杂交玉米等作物已经大面积种植。

植物的高产种植技术主要是提高光能的利用率，可采用延长光合时间、增加光合面积和提高光合效率等方法达到这个目的。

### 1. 延长光合时间

所谓延长光合时间，就是要最大限度地利用光照时间，提高光能利用率，常用的方法如下。

（1）提高复种指数。复种指数是一年内作物的收获面积与耕地面积的比值，可以通过增加同种作物每年的种植次数，不同作物的轮种、间种、套种等方法提高。

（2）延长生育期。在不影响作物耕作制度的前提下，适当延长作物的生育期，可使作物光合时间延长。如在作物生长前期使其早生快发，提早达到较大的光合面积，后期则要求作物叶片不早衰，尽量延长每一块叶片的有效光合时间。

### 2. 增加光合面积

光合面积指的是植物的绿色面积，主要为叶片面积。增加光合面积可直接提高植物的生物质能产量。以下两种方法最为常用。

（1）合理密植。对能源植物进行合理密植，可使其群体得到最好的发展，有较合适的光合面积，充分利用土地资源和太阳能。

（2）改变株型。比较优良的高产品种（如玉米、水稻、小麦等），株型都具有一个共同的特征，就是秆矮，叶直而小、厚，分蘖密集。通过株型的改善，可以增加密植程度，增大光合面积，耐肥不倒伏，提高光能利用率。

### 3. 提高光合效率

光合效率的影响因素很多，光照、温度、水、肥和二氧化碳浓度等都可对其产生影响。在种植过程中，可以通过改善作物间的通风使大量空气通过叶面，提高二氧化碳的供应量。还可以通过特殊方法降低碳三植物的光呼吸，以提高其光合效率。

## 第二节　生物质的预处理

农林废弃物的生长分布非常松散，要实现其能源化利用，就要对分散的生物质资源进行收集，并根据后续利用技术的特点将其加工成符合使用要求的原料。一般地，农林废弃物资源经收集后，还需对其进行干燥、粉碎、成形等预处理，使其含水率、尺寸符合后续利用方法的要求。

### 一、生物质的收集

农林废弃物类生物质，具有质量轻、体积大、分布面积广、收获具有季节性等特点，导致了生物质资源的利用难度大，大大限制了生物质利用的范围，并且生物质利用成本很高，异地利用成本则更高。要形成规模化、工业化的生物质利用，就必须在原材料供应上提供保障，满足其持续平衡、规模化、标准化特点。生物质原料收集就必须规模化、专业化、机械化，采用合适收集技术，建立合理、高效、低成本的收集储运体系。

### （一）树皮、废纸及木材加工废料的收集

树皮、废纸及木材加工废料属于木质生物质，堆放在加工企业的废料场内，不受季节性影响，可以长年进行收购。对于砍伐时丢于林地的树枝、树叶和树根，可委托木材加工企业在收购木材时代为收购，实现同步收集和运输，并将其运输至加工企业废料场内，从而实现经济、科学的收集。

### （二）水稻、玉米等软质秸秆的收集

水稻、玉米等软质秸秆属于农作物秸秆，所以在收集时需要与收购季节保持同步。水稻和玉米等软质秸秆由于种植区域十分广泛，而且所有权分属于家家户户，如果直接向农户采购需要耗费大量的人力和物力，效率也较低。可以采用经纪人制度，通过经纪人提前对收购进行计划和组织，由经纪人提供稳定、可靠的收购服务，不仅有利于有效地降低收购成本，而且还确保了收集的计划性。

### （三）其他生物质燃料的收集

在对甘蔗渣及稻壳等生物质进行收集时，由于其堆积密度大、流动性好及具有较为均匀的物料颗粒，不需要进行二次处理即可直接进行使用，而且在运输和储存上也较为便利，收集工作相对也较为简单，与相关加工企业签订收购协议就可以直接进行收集。

由于生物质具有较强的分散性和季节性，在收集过程中具有一定的难度。所以观念上不能以经济价值衡量，要以长远的

眼光看待，要着眼于减少污染、增加社会效益。政府政策支持和相关技术进步具有重要意义，在这一工作上政府应起主导作用，推动生物质能综合利用工作更快更好的发展。

## 二、生物质的运输

目前我国农林业均为分散单户种植，未形成规模化生产，机械化水平较低，无法利用国外成熟的大型机械进行收储。应根据生物质特性和储存方式的不同确定不同的运输方式，采用分散收集、集中储存的运行模式，将符合后续转化利用所要求的生物质原料直接送往收购点或利用点储存，不符合利用要求的生物质原料必须先经破碎或成型后再送往收购点和利用点储存。

生物质的特性各异，也决定了其各自的运输方式。目前，较常见的农林生物质运输方式是：个体收购者或农民将收割后留在田间的秸秆集中到田头或房前屋后的空地上，通过农用车送到就近收购站，在收购站打捆或粉碎后，清除其中夹杂的砖头土块，对含水的生物质进行风干，有利于后续利用工序的质量保证。当后续利用工厂需要时，用载重车辆运往工厂的原料堆场。由于生物质密度小、体积大，运输车辆载重量受到限制，因此运输车辆的需求量较大。为了减少运输成本，对生物质原料需求量较大的转化利用工厂都配有大车厢专用自卸汽车从收购站运往工厂。

由于生物质收集途径很多，每个转化利用工厂的原料来源、运输条件、转化利用方式不同，因此采用的运输方式需要根据实际情况调研确定。目前常采用的运输方式有船运和车运。

（1）船运。在河流较发达地区，采用船运是一种较经济的运输方式。可将生物质原料采用船运，到厂后用负压气力管道输送至原料堆放仓库。气力管道运输方案是稻壳运输最经济、环保的一种方式，且有利于将稻壳中的土块、石头分离出来，避免后续工段的锅炉底渣系统因大块而卡住。但该系统不适用于粉碎后秸秆的运输，这是因为秸秆之间相互牵连搭桥，很容易产生堵管，输送能力大大降低。秸秆一般采用胶带输送机从船头送到厂内原料堆场。

（2）车运。有些原料长距离运输，特别是木材加工废弃料及农产品加工废弃物的运输，为了减少环境污染及运输成本，可将其装袋后用载重车运往转化利用工厂。但在后续利用的解袋过程中会产生较大的扬尘，工作环境恶劣。

## 三、生物质粉碎

生物质能的利用是将生物质所含的化学能转化为热能或高品位的能源载体（燃料油或燃料气）。根据化学反应动力学和热传递理论，对生物质进行破碎预处理能够提高其热转化效率。一方面，减小生物质粒径能够增加颗粒的比表面积，有利于化学反应过程的传热和传质，减少物料在反应器内的停留时间，提高反应器的处理能力，降低颗粒内部的温度梯度，提高产率。另一方面，生物质能量密度低，热值变动范围较大，通过破碎预处理，能使生物质给料均匀、炉前进料热值波动小，使生物油产率和成分保持稳定，提高生物质的热处理效率和污染控制效率。因此生物质能转化利用设备对原料的尺寸都有一定的要求，要满足设备对生物质原料的尺寸要求，必须事先对生物质原料进行粉碎处理。

生物质既包括木质素含量高、相对硬度较大、呈现脆性的棉秆、树枝等，也包括纤维素及半纤维素含量高、韧性较强的稻草、玉米秸秆等，故生物质宜采用挤压、剪切、磨削和冲击等多种方式进行破碎。

（一）挤压破碎

挤压破碎是破碎设备的工作部件对物料施加挤压作用，物料在压力作用下被破碎。挤压磨、颚式破碎机等均属这类破碎设备，物料在两个工作面之间受到相对缓慢的压力而被破碎。因为压力作用较缓和、均匀，故物料破碎过程较均匀。这种方法通常多用于脆性物料的粗碎，但纲领式破碎机也可将物料破碎至几毫米以下。挤压磨磨出的物料有时也会呈片状粉料，通常作为细粉磨前的预破碎设备。

（二）挤压—剪切破碎

挤压—剪切破碎是挤压和剪切两种基本破碎方法相结合的破碎方式，雷蒙磨及各种立式磨通常采用这种破碎方式。

（三）研磨—磨削破碎

研磨和磨削本质上均属剪切摩擦破碎，包括研磨介质对物料的破碎和物料相互间的摩擦作用。振动磨、搅拌磨以及球磨机的细磨仓等都是以此为主要原理。与施加强大破碎力的挤压破碎和冲击破碎不同，研磨和磨削是靠研磨介质对物料颗粒表面的不断磨蚀而实现破碎的，因此有必要考虑研磨介质的物理性质、填充率、尺寸、形状及黏性等。

（四）冲击破碎

冲击破碎包括高速运动的破碎体对被破碎物料的冲击和高

速运动的物料向固定壁或靶的冲击。这种破碎过程可在较短时间内发生多次冲击碰撞，每次冲击碰撞的破碎都是在瞬间完成的，破碎体与被破碎物料的动量交换非常迅速。

对于一般木屑、树皮等尺寸较大的生物质，都要进行粉碎作业，而且常常进行两次以上粉碎，并在粉碎的工序中间插干燥工序，以提高粉碎效果，增加产率。

锤片式粉碎机是粉碎作业应用最多的一种粉碎机。对于树皮、碎木屑等生物质原料，锤片机能够较为理想地完成粉碎作业，粉碎物的粒度大小可通过改换不同开孔大小的凹板来实现。但对于较为粗大的木材废料，一般先用木材切片机切成小片，再用锤片式粉碎机将其粉碎。

## 四、生物质干燥

有些生物质能转化利用方法对原料的含水量有较严格的要求，而刚收获的生物质原料的含水量一般都较高，因此，为满足后续转化利用方法对含水量的要求，必须事先对生物质原料进行干燥处理。

干燥是利用热能将物料中的水分蒸发排出，获得固体产品的过程，简单来说就是加热湿物料使水分气化的过程。对于生物质，有两种干燥方式：自然干燥和人工干燥。自然干燥一般没有特殊要求，但人工干燥需要很好地控制干燥温度。一般地，林木废弃物中含有大量的纤维素、半纤维素、木质素、树脂等物质，在较高温度下，木质素开始软化，而且林木废弃物的着火点较低，高温条件下容易发生火灾危险，因此将干燥温度控制在80℃左右比较适宜。

（一）自然干燥

自然干燥就是让原料暴露在大气中，通过自然风、太阳光照射等方式去除水分。这是最古老、最简单、最实用的一种生物质干燥方法。原料最终水分与当地的气候有直接关系，是由大气中含水量决定的。

自然干燥不需要特殊的设备，成本低，但容易受自然气候条件的制约，劳动强度大、效率低，干燥后生物质的含水量难以控制。根据我国的气候情况，生物质自然干燥后含水量一般在8%左右。

自然干燥不需要设备，也不消耗能源，如果没有特殊要求，生物质的干燥应尽量采用自然干燥技术。

（二）人工干燥

人工干燥就是利用干燥机，靠外界强制热源给生物质加热，从而将水分气化。这种干燥机是根据所需物料产量、含水量而专门设计的，并能准确地控制水分。不同种类的生物质，其干燥技术也不尽相同，现在主要有流化床干燥机、回转圆筒干燥机、筒仓型干燥机。对于一般的农林废弃物类生物质原料，可以采用筒仓型干燥机进行干燥。

1.流化床干燥机

在流化床干燥机中，经过准确计算的热气流经均压布风板均匀分布后，穿过床内的物料，使物料颗粒悬浮于气流之中，形成流化状态。呈流化状态的物料颗粒在流化床内均匀地混合，并与气流充分接触，进行十分强烈的传热和传质。流化床干燥机可以轻易地输送加工材料，干燥过程中可避免局部原料过热，因而对热敏性产品适应性强。尽管物料颗粒剧烈运动，但是产品处理仍比较温和，无明显的磨损。装置出口的气体温度一般低于产品最高温度，因此具有极高的热效率。流化床干燥机比较适合于流动性好、颗粒度不大（0.5～10毫米）、密度适中的生物质原料，如稻壳、花生壳及一些果壳等，但不适合于黏度较高的物料。

### 2. 回转圆筒干燥机

回转圆筒干燥机是一种连续运行的直接接触干燥机，由一个缓慢转动的圆柱形壳体组成，壳体倾斜，与水平面有较小的夹角，以利于物料的输送。湿物料由高端进入回转圆筒，干燥后的物料由低端排出。在回转圆筒内，干燥介质与生物质原料并流或者逆流，沿轴向流过圆筒。当物料没有热敏性或要求较高脱水率时，通常采用逆流方式。并流方式通常用于热敏性物料或不要求有较高脱水速率的干燥。生物质原料在滚筒内的流速主要是根据生物质原料的含水量以及颗粒度等来确定。这种装置适用于流动性好、颗粒度为0.05～5毫米的物料，如稻壳、花生壳、造纸废弃物、粉料以及一些果壳等。

### 3. 筒仓型干燥机

筒仓型干燥机结构比较简单，把原料堆积在筒仓内，利用热风炉的热风带走原料中的水分。原料在仓内相对静止，与其他方法相比较，其干燥效率较低，对原料水分的控制也比较困难。现在常用的筒仓型干燥机不能连续进出料，但装置对原料的适应性较好，基本适用于各种农林废弃物类生物质原料。

### 五、生物质成型

由于生物质原料的能量密度较低，其转化利用受到限制，如能通过某种方式将其能量密度提高，则可大大拓展生物质能的应用领域。生物质成型燃料技术则可实现这一目标。

生物质成型燃料是将松散、细碎、无定型的生物质原料在一定机械加压作用下（加热或不加热）压缩成密度较大的棒状、粒状、块状等成型燃料。成型燃料具有加工简单、成本较低、便于储存和运输、易着火、燃烧性能好以及热效率高等优点，可作为炊事、取暖的燃料，也可作为工业锅炉和电厂的燃料，对生物质资源丰富的贫油、贫煤国家来说，是一种发展前景非常可观的替代能源。

根据成型压力的大小，生物质致密成型可分为高压致密（>100兆帕）、中压致密（5~100兆帕）和低压致密（<5兆帕）；根据是否添加黏结剂，可分为加黏结剂和不加黏结剂的成型工艺；根据物料加热方式的不同，致密成型可以分为常温成型、热压成型和炭化成型；根据原料是否需要进行干燥预处理，可分为干态成型与湿压成型。目前，常见的生物质致密成型工艺主要是湿压成型、热压成型和炭化成型。

# 第三节　生物质燃烧

生物质燃烧是最简单的生物质能利用方式，是利用不同的技术和设备将储存在生物质中的化学能转化为热能而加以利用。

## 一、生物质的燃烧过程

生物质的燃烧过程是强烈的放热化学反应，燃烧的进行除了要有燃料本身之外，还必须有一定的温度和适当的空气供应。生物质的燃烧过程可分为以下4个阶段。

### （一）预热和干燥阶段

当温度达到100℃时，生物质进入干燥阶段，水分开始蒸发。水分蒸发时需要吸收燃烧过程中释放的热量，会降低燃烧室的温度，减缓燃烧进程。

### （二）挥发分析出及木炭形成阶段

挥发分析出及木炭形成阶段，又称干馏。当已经干燥的燃料持续加热，挥发分开始析出。试验表明，木屑和咖啡果壳在160~200℃时挥发分开始析出，约200℃时析出的速度迅速增快，超过500℃后质量基本保持不变，表明干馏阶段已经结束。

以上两个阶段，燃料处于吸热状态，为后面的燃烧做好前期准备工作，称为燃烧前准备阶段。

### （三）挥发分燃烧阶段

生物质高温热解析出的挥发分在高温下开始燃烧，为分解燃烧。同时，释放出大量热量，一般可提供占总热量70%份额的热量。

### （四）固定碳燃烧阶段

在挥发分燃烧阶段，消耗了大量的氧气，减少了扩散到炭表面氧的含量，抑制了固定碳的燃烧；但是，挥发分的燃烧在炭粒周围形成火焰，提供燃烧所需的热量，随着挥发分的燃尽，固定碳开始发生氧化反应，且逐渐燃尽，形成灰分。生物质固定碳含量较低，在燃烧中不起主要作用。

以上各阶段虽然是依次串联进行的，但也有一部分是重叠进行的，各个阶段所经历的时间与燃料种类、成分和燃烧方式等因素有关。

## 二、生物质直接燃烧技术

生物质直接燃烧技术是一种重要的能源利用方式，主要包括炉灶燃烧和锅炉燃烧两种形式。

### （一）炉灶燃烧

炉灶燃烧作为生物质直接燃烧的一种形式，具有操作简便、投资较省的特点。在农村或山区等分散独立的家庭用炉中，炉灶燃烧得到了广泛应用。然而，其燃烧效率普遍偏低，这主要是由于炉灶的结构简单，缺乏先进的燃烧技术和管理措施。生物质在炉灶中燃烧时，往往存在燃烧不充分、热量损失大等问题，从而导致生物质资源的严重浪费。此外，炉灶燃烧产生的烟尘和有害气体也对环境造成了一定的污染。

### （二）锅炉燃烧

锅炉燃烧采用了先进的燃烧技术，通过优化炉膛结构、改进燃烧方式等措施，提高了生物质的利用效率。在锅炉燃烧中，生物质作为锅炉的燃料，经过破碎、干燥等预处理后，以一定的速度和浓度送入炉膛内进行燃烧。这种燃烧方式能够充分利用生物质的热值、减少热量损失、提高燃烧效率。此外，锅炉燃烧还可以实现自动化控制和排放控制，降低对环境的污染。

然而，锅炉燃烧也存在一些缺点。首先，其投资成本较高，需要建设专门的锅炉房和配套设施，这对于一些经济条件较差的地区来说可能难以承受。其次，锅炉燃烧不适于分散的小规模利用，生物质必须相对比较集中才能采用该技术。这在一定程度上限制了锅炉燃烧在农村等地区的推广应用。

在生物质燃料锅炉的种类方面，按照锅炉燃用生物质品种的不同可分为木材炉、薪柴炉、秸秆炉、垃圾焚烧炉等。这些锅炉在结构设计和燃烧方式上都有所不同，以适应不同种类生物质的燃烧特性。例如，木材炉和薪柴炉主要适用于木材和薪柴等木质生物质的燃烧，而秸秆炉则适用于农作物秸秆等草本生物质的燃烧，垃圾焚烧炉则主要用于处理城市有机垃圾等废弃物，实现废物的资源化和无害化处理。

按照锅炉燃烧方式的不同，生物质燃料锅炉又可分为层燃燃烧、流化床燃烧、悬浮燃烧等。层燃燃烧是一种较为传统的燃烧方式，生物质在炉排上形成一定厚度的燃料层，通过空气从下方进入进行燃烧。这种方式操作简单，但燃烧效率相对较低。流化床燃烧则是一种较为先进的燃烧技术，通过高速气流使生物质颗粒在炉膛内形成流化状态，实现充分燃烧和高效传热。悬浮燃烧则是将生物质破碎成粉末或颗粒状，通过喷入炉膛与空气混合后进行燃烧，这种方式燃烧速度快、效率高，但对生物质预处理和燃烧控制要求较高。

## 三、生物质成型燃料燃烧技术

作为固体燃料的一种，生物质成型燃料的燃烧过程也要经历点火、燃烧等阶段。

### （一）点火过程

生物质成型燃料的点火过程是指生物质成型燃料与氧分子

接触、混合后，从开始反应到温度升高至激烈的燃烧反应前的一段过程。实现生物质成型燃料的点火必须满足：生物质成型燃料表面析出一定浓度的挥发物，挥发物周围要有适量的空气，并且具有足够高的温度。生物质成型燃料的点火过程是：在热源的作用下，水分被逐渐蒸发逸出生物质成型燃料表面；生物质成型燃料表面层燃料颗粒中的有机质开始分解，有一部分挥发性可燃气态物质分解析出；局部表面达到一定浓度的挥发物遇到适量的空气并达到一定的温度，便开始局部着火燃烧；随后点火面逐渐扩大，同时也有其他局部表面不断点火；点火面迅速扩大为生物质成型燃料的整体，火焰出现；点火区域逐渐深入到生物质成型燃料内部一定深度，完成整个稳定点火过程。

影响点火的因素有：点火温度、生物质的种类、外界的空气条件、生物质成型燃料的密度、生物质成型燃料的含水率、生物质成型燃料的几何尺寸等。

生物质成型燃料由高挥发分的生物质在一定温度下挤压而成，其组织结构限定了挥发分由内向外的析出速率，热量由外向内的传递速率减慢，且点火所需的氧气比原生物质有所减少，因此生物质成型燃料的点火性能相比原生物质有所降低，但远远高于型煤的点火性能。从总体趋势分析，生物质成型燃料的点火特性更趋于生物质点火特性。

## （二）燃烧机理

生物质成型燃料的燃烧机理属于静态渗透式扩散燃烧，燃烧过程就从着火后开始，包括以下几个阶段：生物质成型燃料表面可燃挥发物燃烧，进行可燃气体和氧气的放热化学反应，形成火焰；除了生物质成型燃料表面部分可燃挥发物燃烧外，成型燃料表层部分的炭处于过渡燃烧区，形成较长火焰；生物质成型燃料表面仍有较少的挥发分燃烧，更主要的是燃烧向成型燃料更深层渗透。焦炭进行扩散燃烧，燃烧产物二氧化碳、一氧化碳及其他气体向外扩散，行进中氧气不断与一氧化碳结合成二氧化碳，燃料表层生成薄灰壳，外层包围着火焰；燃烧进一步向更深层发展，在层内主要进行炭燃烧（碳+氧气→一氧化碳），在成型燃料表面进行一氧化碳的燃烧（即一氧化碳+氧气→二氧化碳），形成比较厚的灰壳。由于生物质的燃尽和热膨胀，灰层中呈现微孔组织或空隙通道甚至裂缝，较少的短火焰包围着成型块；灰壳不断加厚，可燃物基本燃尽，在没有强烈干扰的情况下，形成整体的灰球，灰球表面几乎看不出火焰而呈暗红色，至此完成了生物质成型燃料的整个燃烧过程。

## （三）生物质成型燃料的燃烧特性

由于生物质成型燃料是经过高压而形成的块状燃料，其密度远大于原生物质，其结构与组织特征决定了挥发分的逸出速率与传热速率都大大降低，点火温度有所升高，点火性能变差，但比型煤的点火性能要好，从点火性能考虑，仍不失生物质的点火特性。燃烧开始时挥发分慢慢分解，燃烧处于动力区，随后挥发分燃烧逐渐进入过渡区与扩散区。如果燃烧速率适中，能够使挥发分放出的热量及时传递给受热面，使排烟热损失降低，同时挥发分燃烧所需的氧气量与外界扩散的氧气量很好地匹配，挥发分能够燃尽，又不过多地加入空气，炉温逐渐升高，减少了大量的气体不完全燃烧损失与排烟热损失。挥发分燃烧后，剩余的焦炭骨架结构紧密，运动的气流不能使骨架解体悬浮，骨架炭能保持层状燃烧，能够形成层状燃烧核心。这时炭的燃烧所需要的氧气与静态渗透扩散的氧气相当，燃烧稳定持续，炉温较高，从而减少了固体与排烟热损失。在燃烧过程中可以清楚地看到炭的燃烧过程，蓝色火焰包裹着明亮的炭块，燃烧时间明显延长。

总之，生物质成型燃料的燃烧速率均匀适中，燃烧所需的氧气量与外界渗透扩散的氧气量能够较好地匹配，燃烧波动小，燃烧相对稳定。

# 第四节 生物质热化学气化制气体燃料

生物质热化学气化制气体燃料，是以生物质为原料，也可通过热化学转化技术制得气体燃料。目前用于生物质制气体燃料的热化学转化技术有生物质气化剂气化和生物质水热气化。

## 一、生物质气化剂气化

生物质气化剂气化是以生物质为原料，以氧气（空气、富氧或纯氧）、水蒸气或氢气等作为气化剂（或称气化介质），在高温条件下通过热化学反应制取可燃气的过程，简称生物质气化。生物质气化气的主要有效成分是一氧化碳、氢气和甲烷等，称为生物质燃气。气化和燃烧过程是密不可分的，燃烧是气化的基础，气化是部分燃烧或缺氧燃烧。固体燃料中碳的燃烧为气化过程提供了能量，气化反应其他过程的进行取决于碳燃烧阶段的放热状况。实际上，气化是为了增加可燃气的产量而在高温状态下发生的热解过程。气化过程和常见的燃烧过程的区别是：燃烧过程中供给充足的氧气，使原料充分燃烧，目的是直接获取热量，燃烧后的产物是二氧化碳和水蒸气等不可再燃烧的烟气；气化过程只供给热化学反应所需的那部分氧气，而尽可能将能量保留在反应后得到的可燃气体中，气化后的产物是含氢、一氧化碳和低分子烃类的可燃气体。

### （一）生物质气化技术的分类

生物质气化有多种形式，按制取燃气热值的不同可分为：制取低热值燃气方法（燃气热值低于16.7兆焦耳/米$^3$）、制取中热值燃气方法（燃气热值为16.7～33.5兆焦耳/米$^3$）和制取高热值燃气方法（燃气热值高于33.5兆焦耳/米$^3$）；按照气化剂的不同，可将其分为干馏气化、空气气化、氧气气化、水蒸气气化、水蒸气—空气气化和氢气气化等。

#### 1. 干馏气化

干馏气化属于热解的一种特例，是指在缺氧或少氧的情况下，生物质进行干馏的过程（包括木材干馏）。主要产物为醋酸、甲醇、木焦油抗聚剂、木馏油、木炭和可燃气。可燃气的主要成分是二氧化碳、一氧化碳、甲烷、乙烯和氢气等，其产量和组成与热解温度和加热速率有关。可燃气的热值为15兆焦耳/米$^3$，属中热值燃气。

#### 2. 空气气化

空气气化是以空气作为气化剂的气化过程，空气中的氧气与生物质中的可燃组分发生氧化反应，提供气化过程中其他反应所需的热量，并不需要额外提供热量，整个气化过程是一个自供热系统。但空气中79%的氮气不参与化学反应，且会吸收部分反应热，致使反应温度降低，阻碍氧气的扩散，从而降低反应速率。氮气的存在还会稀释可燃气中可燃组分的浓度，降低可燃气的热值。可燃气的热值一般为5兆焦耳/米³左右，属于低热值燃气，但由于空气随处可得，不需要消耗额外能源进行生产，所以空气气化是一种极为普遍、经济、设备简单且容易实现的气化形式。

### 3. 氧气气化

氧气气化是以纯氧作为气化剂的气化过程。在此反应过程中，合理控制氧气供给量，可以在保证气化反应不需要额外供给热量的同时，避免氧化反应生成过量的二氧化碳。同空气气化相比，由于没有氮气参与，提高了反应温度和反应速率，缩小了反应空间，提高了热效率。同时，生物质燃气的热值提高到18兆焦耳/米³，属于中热值燃气，可与城市煤气相当。但是，生产纯氧需要耗费大量的能源，因此不适于在小型的气化系统中使用。

### 4. 水蒸气气化

水蒸气气化是以水蒸气作为气化剂的气化过程。气化过程中，水蒸气与碳发生还原反应，生成一氧化碳和氢气，同时一氧化碳与水蒸气发生变换反应和各种甲烷化反应。典型的水蒸气气化结果为：氢气（20%～26%），一氧化碳（28%～42%），二氧化碳（16%～23%），甲烷（10%～20%），乙炔（2%～4%），乙烷（1%）；三碳化合物以上成分（2%～3%），燃气热值可达到17～21兆焦耳/米³，属于中热值燃气，水蒸气气化的主要反应是吸热反应，因此需要额外的热源，但反应温度不能过高，且不易控制和操作。水蒸气气化经常出现在需要中热值气体燃料而又不使用氧气的气化过程，如双床气化反应器中有一张床是水蒸气气化床。

### 5. 水蒸气—空气气化

主要用来克服空气气化产物热值低的缺点。从理论上讲，水蒸气—空气气化比单独用空气或水蒸气作为气化剂的方式优越，因为减少了空气的供给量，并生成更多的氢气和烃类化合物，提高了燃气的热值，典型燃气的热值为11.5兆焦耳/米$^3$。此外，空气与生物质的氧化反应，可提供其他反应所需的热量，不需要外加热系统。

### 6. 氢气气化

氢气气化是以氢气作为气化剂的气化过程。主要气化反应是氢气与固定碳及水蒸气生成甲烷的过程。此反应的燃气热值可达到22.3～26兆焦耳/米$^3$，属于中热值燃气。氢气气化反应的条件极为严格，需要在高温高压下进行，一般不常使用。

## （二）生物质气化装置

气化炉是生物质气化反应的主要设备。在气化炉中，生物质完成了气化反应过程并转化为生物质燃气。针对其运行方式的不同，可将气化炉分为固定床气化炉和流化床气化炉。

### 1. 固定床气化炉

将经过切碎和初步干燥的生物质原料从固定床气化炉顶部加入炉内，由于重力的作用，原料从上而下运动，按层次完成各阶段的气化过程。反应所需的空气以及生成的可燃气体的流动靠风机所提供的压力差完成，有两种形式。第一种是风机安装在流程前端，靠压力将空气送入气化炉并将可燃气体吹出，系统正压操作。这时的风机称为鼓风机，经过鼓风机的气体为环境状态下的空气，因此对鼓风机的要求不高。但由于系统在正压下操作，不利于物料加入，因此这种送风形式通常为间歇操作。第二种是风机安装在流程的末端，称为引风机。依靠引风机的吸力，将空气吸入气化炉，将可燃气体吸出，系统在负压下操作。由于经过引风机的气体为燃气，对引风机的耐腐蚀等性能有一定的要求。负压操作还有利于将物料吸入气化炉，可实现连续操作。

根据气流运动方向的不同，固定床气化炉可分为下吸式（下流式）、上吸式（上流式）、横吸式（横流式）和开心式4种类型。

### 2. 流化床气化炉

流化床是一种先进的燃烧技术，广泛应用于化工、能源等部门，其高效的燃烧和气化过程使得生物质的气化速度和效率大大提高。一般选用砂子作为流化介质，将砂子加热到一定温度后，加入物料，在临界流化速率以上通入气化剂，物料、流化介质、气化剂相互接触，均匀混合，炉内各部分均匀受热，各部分温度保持一致，呈"沸腾"状态。流化床气化炉反应速率快，产气率高。

无论是固定床气化炉还是流化床气化炉，在设计和运行中都有不同的条件和要求，了解不同气化炉的各种特性，对正确合理设计和使用生物质气化炉至关重要。

## 二、生物质水热气化

生物质水热气化技术是近年来发展起来的一种高效制气技术，通常反应温度为400～700℃，压力为16～35兆帕。与传统的热化学转化方法相比，利用超临界水热气化制氢显著地简化反应流程，降低了反应成本。水热气化产物中氢气的体积分数可以超过50%，并且不会产生焦炭、焦油等二次污染物。另外，对于含水量较高的生物质，如厨余垃圾、有机污泥等，水热气化反应也省去了能耗较高的干燥过程。一般来说，经水热转化后所得的气体产物成分主要包括氢气、甲烷、二氧化碳以及少量的乙烯和乙烷。对于含有大量蛋白质类物质的生物质，产生的气体中还会含有少量的氮氧化物。

根据工艺形式的不同，生物质水热气化可分为连续式、间歇式和流化床3种主要工艺。连续式适用于研究气化制氢特性、气化过程中的动力学特性；间歇式反应装置相对简单，适用于几乎所有的反应物料，可用于研究生物质气化制氢的机理和催化剂的筛选；流化床工艺得到的气体转化率相对较高、焦油量低，但是工艺成本较高、设备复杂不易操作。

## （一）水热气化过程的影响因素

### 1. 反应温度

由于生物质来源广泛、组分复杂，各组分在高温高压水中的热稳定性存在明显差异。随着反应温度的变化，反应路径也会随之变化。一般而言，反应温度越高，聚合物降解形成液相产物越容易，生物油的产率也会随之提高。进一步提高温度将促进生物质碎片降解形成气相产物，导致气体和挥发性有机物的增加，不利于生物油的产生。在某一临界温度之下，形成液相产物的反应过程将优于形成气相产物的反应过程，而在某一临界温度之上，趋势则刚好相反。

### 2. 催化剂

添加催化剂能提高产物的产率并提高过程的效率。按催化剂的类型可分为均相催化剂和非均相催化剂。

近年来，非均相催化剂（如金属催化剂、活性炭、氧化物等）多数应用于超临界水气化过程中，目的在于在较低温度下水热处理有机废弃物，增加气体的生成速率。同时，催化剂可以改变反应方向，使得反应向目标产物的方向发生。

### 3. 停留时间

停留时间是影响水热气化过程的又一重要因素。

对气体产物进行分析表明，随着停留时间的延长，液体产率明显下降，而气体产率随之增加，气体中氢气含量增加。因此，如果选用间接高压反应釜进行气化，为得到较高的气体产率，应采用相对较长的停留时间。

### （二）农林废弃物超临界水气化

刚收获的农林废弃物，如新鲜植物、农作物等，其含水量普遍较高，一般都高于70%，有的甚至能达到85%以上，普通的气化需要先将其干燥至含水量小于10%，这是一个既耗能又耗时的过程，而使用超临界水气化技术对有机废弃物进行气化和能源化利用就可避免这一过程。

接下来的两章重点介绍农村中常用的秸秆能源利用技术和沼气利用技术。

# 第六章　秸秆能源利用技术

## 第一节　农作物秸秆概述

### 一、秸秆的内涵

秸秆具有狭义和广义概念。一般地，狭义概念即作物的茎秆；广义概念指在农业生产过程中，收获了作物主产品之后所有大田剩余的副产物以及主产品初加工过程产生的副产物统称为秸秆。秸秆是一种具有多种用途的可再生生物资源，作物光合作用的产物有一半以上储存于秸秆中。

对作物秸秆进行恰当的分类，有助于完整理解和应用秸秆概念的内涵和外延。根据不同产出环节，可以将秸秆分为田间秸秆和加工副产物。田间秸秆指作物主产品收获之后大田地上部分剩余的所有作物副产物，包括作物的茎和叶。加工副产物是指作物粗加工过程中产生的剩余物，如玉米芯、稻壳、花生壳、棉籽壳、甘蔗渣、木薯渣等，但不包括麦麸、谷糠等其他精细加工的副产物。

另外，按照作物种类对秸秆进行分类也是很重要的。凡是对作物分类的方法，均可用于相应的秸秆分类，如大田作物秸秆和园艺作物秸秆。大田作物秸秆包括禾谷类作物秸秆、豆类作物秸秆和薯类作物秸秆等粮食作物秸秆，以及纤维作物秸秆、油料作物秸秆、糖类作物秸秆和嗜好类作物秸秆等经济作物秸秆。再往下细分可到每一个具体作物的秸秆，如小麦秸秆、水稻秸秆、高粱秸秆、棉花秸秆、油菜秸秆、大豆秸秆、甘薯秸秆、芝麻秸秆、甘蔗秸秆、麻类秸秆、花生秸秆等。

## 二、秸秆的组成

大田作物的植株由根、茎、叶、花和籽实等器官组成，其中茎和叶是秸秆的主要组成部分。

### （一）茎

大田作物的茎呈圆筒状，茎中有髓或空腔。茎可分为若干节，节与节之间的部分称为节段，每节间的坚硬圆实部分称为节。节段的数目随不同种或作物品种而不同，水稻和小麦的茎秆比较细软，地上部分有5~6节，节间中空，曲折度大，有弹性。玉米和高粱的茎为实心，茎高大，地上部分有17~18节，节间粗、坚硬、不易折断。玉米植株顶端有雄穗，植株中间有雌穗，穗外有苞叶，苞叶包着生在穗轴上的籽粒。

大田作物茎的节间横切面上有3种系统：表皮系统、基本系统和维管系统。大田作物表皮只有初生结构，一般为一层细胞，通常角质化或硅质化，以防止水分过度蒸发和病菌侵入，并对内部其他组织起保护作用。各种器官中数量最多的组织是薄壁组织，也称基本组织，它是光合作用、养分储存、分化等主要生命活动的场所，是作物组成的基础。维管束都埋藏贯穿在薄壁组织内。在韧皮部、木质部等复合组织中，薄壁组织起着联系作用。

在维管系统中，除薄壁组织外，主要有木质部和韧皮部，两者相互结合。小麦、大麦、水稻、黑麦、燕麦茎中维管束排成2圈，较小的一圈靠近外圈，较大一圈插入茎中。玉米、高粱、甘蔗茎中的维管束则分散于整个横切面中。木质部的功能是把茎部吸收的水分和无机盐，经茎输送到叶和植株的其他部分。韧皮部则把叶中合成的有机物质输送到植株的其他部分。

## （二）叶

大田作物的叶通常是单叶，由叶片和叶鞘组成。叶片扁平狭长，呈线形或狭带形，具有纵向的平行脉序，并有叶舌和叶耳。叶片和叶鞘相接处的腹面内方有一膜质向上突出的片状结构称为叶舌；叶舌两侧片状、爪状或毛状伸出的突出物称为叶耳。

叶是进行光合作用的主要器官。大田作物叶的组织与茎略有相似，叶片分为表皮、叶肉和叶脉3部分。

叶的表皮结构比较复杂。表皮细胞在正面观察时呈长方形，外壁角质化并含有硅质，故叶比较坚硬而直立。大田作物的叶肉没有栅栏组织和海绵组织的分化，为等面叶。叶脉由木质部、韧皮部和维管束鞘组成，木质部在上，韧皮部在下，维管束内无形成层，在维管束外面有维管束鞘包围，叶脉平行地分布在叶肉中。

### 三、秸秆的特性

秸秆的特性主要体现在以下几个方面。

#### （一）物理特性

秸秆的颜色呈现金黄色或棕色，形状则多为细长的管状或爆裂的鳞片状，松密度低，含水量高。这些物理特性决定了秸秆在不同领域的应用效果。

#### （二）化学特性

秸秆的化学成分主要由纤维素、半纤维素、木质素和灰分等组成。其中，纤维素是秸秆的主要成分，占据了总干物质重量的40%~60%。此外，秸秆中还含有一定量的蛋白质、脂肪、矿物质和维生素等。这些成分的不同比例，决定了秸秆在生物质能源、饲料、土壤改良等领域的应用具体效果。

#### （三）生物学特性

秸秆具有良好的生物降解性，自然环境中的微生物和动物都能够分解秸秆中的成分。在农业上，秸秆可以增加土壤有机质，改善土壤结构，保持水分。

秸秆富含氮、磷、钾、钙、镁和有机质等，是一种具有多用途的可再生的生物资源。在畜牧业上，秸秆可以作为动物饲料，不同种类的秸秆营养成分有差异，但通常都含有较高的粗纤维含量（20%~45%）、较低的粗蛋白质含量（2%~5%），以及较低的矿物质和维生素含量。

不同种类的秸秆，其结构和成分也有所不同。例如，小麦、水稻秸秆的横切面只有表皮系统、基本系统和维管系统，而玉米、高粱秸秆则实心、节间粗大，含糖量相对较高。这些特点决定了它们在不同应用领域的适用性。

# 第二节　农作物秸秆的利用

## 一、我国农作物秸秆资源

我国是农业大国，农作物秸秆产量大、分布广、种类多，长期以来一直是农民生活和农业发展的宝贵资源。据统计，2022年我国秸秆理论资源量为9.77亿吨，其中稻草为2.2亿吨、麦秆为1.75亿吨、玉米秆为3.4亿吨、棉秆为2 100万吨、油料秆为4 200万吨、豆类秆为3 600万吨、薯类秆为2 200万吨。

从品种分布来看，我国秸秆品种以稻草、麦秆、玉米秆为主。其中，玉米秆占比高，达到32.5%；稻草、麦秆占比紧随其后，分别达25.1%、18.3%；其余秸秆品种占比则不到5%。

从区域分布来看，秸秆来源主要分布在粮食生产地，辽宁、吉林、黑龙江、内蒙古、河北、河南、湖北、湖南、山东、江苏、安徽、江西、四川等13个粮食主产省（区）秸秆理论资源量占全国秸秆理论资源量的70%以上。

## 二、我国农作物秸秆利用现状

虽然秸秆资源丰富，但综合利用不充分，秸秆随意抛弃、焚烧现象严重，不仅造成一系列环境问题，还浪费了宝贵的生物资源。为稳定农业生态平衡、缓解资源约束、减轻环境压力，我国中央及地方政府正加快推进秸秆综合利用。在政策的积极支持和推动下，我国农作物秸秆综合利用效果显著。目前秸秆综合利用率超82%，秸秆利用方式多种多样，基本形成了肥料化利用为主，饲料化、燃料化稳步推进，基料化、原料化为辅的综合利用格局。

尽管我国秸秆资源综合利用工作力度不断加大，成果也显著，但目前仍存在着综合利用不充分，利用结构不合理，产业化、规模化程度不够等问题，并且其相关配套技术与国外先进技术还具有一定差距。对于以上存在的问题，建议：加强秸秆资源综合利用工作的组织和管理机制的完善；加强秸秆资源化利用技术的研究，并研发出成熟、完善、先进的配套技术；加强秸秆利用产业化、规模化、集约化发展；加强生态环境保护意识，推动农业可持续循环发展。因此，秸秆资源的集约、循环、高效、充分利用，为中国解决秸秆问题提供了无害化、资源化、变废为宝的合理有效的途径，从根本上解决了秸秆废弃和焚烧的问题，保障农业经济的可持续发展，具有良好的经济效益、生态效益和社会效益。

## 三、农作物秸秆的利用途径

目前，农作物秸秆的利用途径主要有5种，即秸秆肥料化、秸秆饲料化、秸秆能源化、秸秆原料化和秸秆基料化。

### （一）秸秆肥料化

由于含有丰富的磷、氮、钾和微量元素，农作物秸秆可以用作原料加工为农业有机肥。秸秆还田能有效增加土壤有机质和氮、磷、钾、微量元素等土壤营养成分，对改良土壤结构、培肥地力、减少化肥用量、促进秸秆资源循环高效利用有积极作用。秸秆还田是一条合理利用秸秆资源养地培肥的有效途径，它与土壤肥力、环境保护、农田生态环境平衡等密切联系，已成为循环农业的重要内容。此外，还可通过秸秆生物反应堆技术和秸秆工厂化堆肥技术实现秸秆的肥料化应用。

### （二）秸秆饲料化

秸秆富含纤维素、木质素、半纤维素等非淀粉类大分子物质。作为粗饲料营养价值极低，必须对其进行加工处理。处理方法有物理法、化学法和微生物发酵法。经过物理法和化学法处理的秸秆，其适口性和营养价值都大大改善，但仍不能为单胃动物所利用。秸秆只有经过微生物发酵，通过微生物代谢产生的特殊酶的降解作用，将其纤维素、木质素、半纤维素等大分子物质分解为低分子的单糖或低聚糖，才能提高营养价值，提高利用率、采食率、采食速度，增强口感性，增加采食量。秸秆饲料的加工技术主要包括青贮、微贮、氨化、碱化、热喷处理、压块成型等。

### （三）秸秆能源化

随着国民经济持续快速发展，我国能源需求量不断扩大，局部地区甚至出现了能源供应紧张的情况，加大生物质能的开发利用，是有效缓解我国能源供应压力的一个重要途径。农作物秸秆作为生物质能资源的主要来源之一，是目前世界上仅次于煤炭、石油以及天然气的第四大能源物质。目前秸秆生物质资源开发利用的主要技术有直燃及气化发电技术、固化成型技术、秸秆沼气发酵技术、制取燃料酒精技术以及热解气化技术等。

## （四）秸秆原料化

秸秆是高效、长远的轻工、纺织和建材原料，既可以部分代替砖、木等材料，又可以有效保护耕地和森林资源。秸秆板的保温性、装饰性和耐久性均属上乘，许多发达国家已把秸秆板当作木板和瓷砖的替代品广泛应用于建筑行业。此外，经过技术方法处理加工秸秆还可以制造纸品、人造板、秸秆复合材料等。

## （五）秸秆基料化

食用菌是真菌中能够形成大型子实体并能供人们食用的一种真菌，食用菌以其鲜美的味道、柔软的质地、丰富的营养和药用价值备受人们青睐。由于秸秆中含有丰富的碳、氮、矿物质等营养成分，且资源丰富、成本低廉，因此很适合作多种食用菌的培养料，通常由碎木屑、棉籽壳、稻草和麦麸等构成。目前，利用秸秆栽培食用菌品种较多，有平菇、草菇、鸡腿菇等十几个品种，而且有些品种的废弃菌棒（袋）料可以作为另一种食用菌的栽培基料，不仅提高了生物转化率，延长了利用链条，还减少了对环境的污染。

# 第三节　农作物秸秆的能源利用

## 一、秸秆发电

秸秆是一种很好的清洁可再生能源，在生物质的再生利用过程中，对缓解和最终解决温室效应问题将具有重要贡献。根据秸秆利用方式的不同，主要有以下3种技术路线：秸秆直接燃烧发电技术、秸秆/煤混合燃烧发电技术、秸秆（谷壳）气化发电技术。

## （一）秸秆直燃发电技术

秸秆直燃发电是指将经过预处理的秸秆等生物质原料送入生物质专用锅炉中，产生蒸汽，驱动蒸汽发电机组发电，产生的低压电经过变电装置后并入电网。秸秆直燃发电技术可以实现秸秆等生物质资源的大规模利用，是目前最有产业化前景的秸秆发电技术。

秸秆直燃发电与常规燃煤发电的原理相似，在设备组成上几乎没有太大的差别，只是燃料用秸秆取代了煤，相应地用秸秆直燃锅炉取代常规燃煤锅炉，而在汽轮机发电机组方面则几乎没有区别。

秸秆直燃发电技术的关键主要是秸秆（尤其是软秸秆）的预处理技术、送料技术、秸秆直燃锅炉制造技术、锅炉对多种秸秆燃料的适应性、秸秆灰沉积以及烟气高温腐蚀等。

## （二）秸秆/煤混燃发电技术

虽然秸秆原料与煤在物理化学性质上有很大的不同，但在现用的常规燃煤锅炉中掺烧15%（热量比）以下的秸秆对锅炉稳定运行影响不大，在技术上是可行的。秸秆/煤混合燃烧发电是指将秸秆用于燃煤电厂中，使用秸秆和煤两种原料进行发电。秸秆与煤混合燃烧发电系统，就是一个以秸秆等生物质和煤为燃料的火力发电厂，其生产过程概括起来就是：先将秸秆等生物质加工成适于锅炉燃烧的形式（粉状或块状），送入锅炉内充分燃烧，使储存于生物质燃料中的化学能转变成热能；锅炉内的水吸热后产生饱和蒸汽，饱和蒸汽在过热器内继续加热成过热蒸汽进入汽轮机，驱动汽轮发电机组旋转，将蒸汽的内能转换成机械能，最后由发电机将机械能变成电能。

混合燃烧的方式可分为直接混合燃烧、间接混合燃烧和并联燃烧3种方式，其各具优缺点，分述如下。

**1. 直接混合燃烧**

直接混合燃烧是指经前期处理的生物质直接输入燃煤锅炉中使用，可分为4种基本形式。

（1）生物质燃料与煤在给煤机的上游混合，然后被送入磨煤机，按混合燃烧要求的速度分配至所有的粉煤燃烧器。原则上这是最简单的方案，投资成本最低。然而有降低燃煤锅炉能力的风险，仅用于有限类型的生物质和非常低的混合燃烧比例。

（2）将生物质搬运、计量和粉碎设备独立配置，生物质粉碎后输送至管路或燃烧器。这需要在锅炉正面安装生物质燃料输送管道，使锅炉正面显得更加拥挤。

（3）将生物质的搬运和粉碎设备独立配置，并使用专用燃烧器燃烧，其投资成本最高，但对锅炉正常运行影响最小。

（4）将生物质作为再燃燃料，控制氮氧化物的生成。生物质在位于燃烧室上部为特定目的而设计的燃烧器中燃烧。目前仅进行了小规模的试验工作，是未来的发展方向。

**2. 间接混合燃烧**

间接混合燃烧是指生物质气化之后，将产生的生物质燃气输送至锅炉燃烧。这相当于用气化器替代粉碎设备，即将气化作为生物质燃料的一种前期处理形式。大多数混合燃烧锅炉机组选用以空气为气化剂，常压循环流化床木屑气化炉技术。间接燃烧无须气体净化和冷却，其投资成本较低，气化产物在800～900℃时通过热烟气管道进入燃烧室，锅炉运行时存在一些风险。替代方案是在生物质燃气进入锅炉燃烧室前先冷却和净化。

### 3. 并联燃烧

并联燃烧是指生物质在独立的锅炉中燃烧，将产生的蒸汽供给发电机组。并联燃烧使用了完全分离的生物质燃烧系统，产生的蒸汽用于主燃煤锅炉系统，提高工质参数，转化效率高。间接混合燃烧和并联燃烧装置的投资高于直接混合燃烧装置，但可利用难以使用的燃料（高碱金属和氯元素含量的生物质），且分离了生物质灰和煤灰，有利于后期处理。

无论哪种方式，生物质原料预处理技术都是非常关键的，生物质原料被处理后要符合燃煤锅炉或气化炉的要求。

### （三）秸秆（谷壳）气化发电技术

气化发电技术的基本原理是把秸秆（谷壳）等生物质转化为可燃气，再利用可燃气推动燃气发电设备进行发电。

秸秆发电系统的发电效率与成本都与系统的规模有关。发电规模小，初投资小，但是发电的效率差，发电的成本较高。从秸秆发电的燃料（原料）问题来看，目前秸秆/煤混燃发电技术，技术改造成本较低、收益快，是比秸秆直燃发电技术和秸秆（谷壳）气化发电技术更为可行的方案；从秸秆发电核心技术的问题和国外技术的成熟性的方面考虑，秸秆直燃发电技术是很好的选择，尤其是采用循环流化床秸秆燃烧发电技术是未来秸秆焚烧发电技术的发展方向。

## 二、秸秆制造固体燃料技术

秸秆制造固体燃料技术分为秸秆固化成型技术和秸秆炭化制炭技术。

### （一）秸秆固化成型技术

#### 1. 秸秆固化成型技术概述

秸秆固化成型技术是将秸秆粉碎，使其具有一定粒度后，放入压制成型机中，在一定压力和温度的作用下，制成棒状、块状或粒状物的加工工艺。成型燃料热性能优于木材，与中质混煤相当，而且点火容易。生产秸秆成型燃料的工艺流程为秸秆收集→干燥→粉碎→成型→燃烧→供热。

秸秆成型主要是木质素起胶黏剂的作用。木质素在植物组织中有增强细胞壁和黏合纤维的功能，当温度在70～110℃时黏合力开始增加，在200～300℃时发生软化、液化。此时再加以一定的压力，并维持一定的热压滞留时间，可使木质素与纤维致密黏结，冷却后即可固化成型。此技术从环保角度讲不加任何添加剂，已经成为现代的主流。

#### 2. 秸秆固化设备及其工作原理

压制成型机主要设备有挤压式棒机和冲压式棒机。

（1）挤压式棒机。挤压式棒机是利用农作物秸秆及其他农林废弃物等原料的固有特性，经粉碎、螺旋挤压，在高温、高压条件下，木质原料中的木质素塑化使微细纤维相结合，形成棒状固体燃料。

（2）冲压式棒机。冲压式棒机是将秸秆粉碎后，在高压条件下制成棒状固体燃料的主要设备之一。该机采用温度调节器设定温度，方便操作。可利用秸秆的固有特性，通过冲压加热使秸秆塑化形成棒状固体燃料。

### （二）秸秆炭化制炭技术

农作物秸秆制炭是将水稻秸秆、玉米秸秆、小麦秸秆等原料烘干或晒干、粉碎，然后在制炭设备中，在隔绝空气或进入少量空气的条件下，进行加热、分解，得到固体产物（木炭）。农作物秸秆制炭产品易燃、无烟、无味、无污染、无残渣、不易破裂且形状规则，含碳量高达80%以上，热值达16 736～25 104千焦/千克。

#### 1. 秸秆炭化工艺流程

炭化是提高秸秆生物质使用价值的重要手段，炭化方式和炭化工艺直接决定了其机械强度、热值、碳含量等主要性能指标。炭化成型工艺可以分为两类：一类是先成型后炭化工艺，另一类是先炭化后成型工艺。

（1）先成型后炭化工艺。先用压制成型机将松散细碎的植物废料压缩成具有一定密度和形状的燃料棒，然后用炭化炉将燃料棒炭化成木炭。先成型后炭化工艺流程为原料→粉碎干燥→成型→炭化→冷却包装。

（2）先炭化后成型工艺。先将生物质原料炭化成颗粒状炭粉，然后再添加一定量的黏结剂，用压制成型机挤压成一定规格和形状的成品炭。先炭化后成型工艺流程为原料→粉碎除杂→炭化→秸秆混合→挤压成型→干燥→包装。这种成型方式使挤压成型特性得到改善，成型部件的机械磨损和挤压过程中的能量消耗降低。但是炭化后的原料在挤压成型后维持既定形状的能力较差，储存、运输和使用时容易开裂和破碎，所以压缩成型时一般要加入一定量的黏结剂。如果在成型过程中不使用黏结剂，要保证成型块的储存和使用性能，则需要较高的成型压力，这将明显提高成型机的造价。这种成型方式在实际生产中很少见。

2. 秸秆炭化主要设备

炭化炉是缺氧干馏炭化的一种主要设备。制造一个四周和底层保温的箱体，四周选用珍珠岩和耐火砖保温，炉体大小需要设计，炭化炉总高2 560毫米、长2 600毫米、宽2 180毫米（带引火装置）。炉体用槽钢、角钢焊合，外壁采用1～2.5毫米铁皮，内壁夹层为耐火砖。炉内安装有支撑炭棒的钢筋算子，两端为活动门，密封性能要好，升启要方便。炭化炉主要通过对各种作物秸秆制成的棒料和块料或其他含碳物质的棒料（如木柴、树枝、各种果壳等）进行缺氧干馏炭化制取木炭。

## 三、秸秆热解气化技术

秸秆热解气化是指秸秆原料在缺氧状态下发生热化学反应转化为气体燃料的能量转换过程。秸秆是由碳、氢、氧等元素组成的，当秸秆原料在气化炉中燃烧时，随着温度的升高，燃烧秸秆经历干燥、裂解反应、氧化反应、还原反应4个阶段。秸秆燃气经冷却、除尘、除焦等处理后，可供民用炊事、取暖、发电等使用。

### （一）秸秆气化技术类型

按照气化剂的不同，可以将秸秆气化技术分为干馏气化、空气气化、氧气气化、水蒸气气化、水蒸气—空气气化和氢气气化等。

### 1. 干馏气化

干馏气化属于热解的一种特例，是指在缺氧或少量供氧的情况下，秸秆进行干馏的过程（包括木材干馏）。主要产物为醋酸、甲醇、木焦油、木馏油、木炭和可燃气。可燃气的主要成分是二氧化碳、一氧化碳、甲烷、乙烯和氢气等，其产量和组成与热解温度和加热速率有关。可燃气的热值为15兆焦耳/米$^3$，属中热值燃气。

### 2. 空气气化

空气气化是以空气作为气化剂的气化过程。空气中氧气与秸秆中可燃组分发生氧化反应，提供气化过程中其他反应所需热量，并不需要额外提供热量。由于空气随处可得，不需要消费额外能源进行生产，所以它是一种极为普遍、经济、设备简单且容易实现的气化形式。

### 3. 氧气气化

氧气气化是以纯氧作为气化剂的气化过程。在反应过程中，如果严格地控制氧气供给量，既可保证气化反应所需的热量，不需要额外的热源，又可避免氧化反应生成过量的二氧化碳。同空气气化相比，由于没有氮气参与，提高了反应温度和反应速度，缩小了反应空间，提高了热效率。同时，秸秆燃气的热值提高到15兆焦耳/米$^3$，属于中热值燃气，可与城市煤气相当。但是，生产纯氧需要耗费大量的能源，故该项技术不适于在小型的气化系统使用。

### 4. 水蒸气气化

水蒸气气化是以水蒸气作为气化剂的气化过程。气化过程中，水蒸气与碳发生还原反应，生成一氧化碳和氢气，同时一氧化碳与水蒸气发生变换反应和各种甲烷化反应。典型的秸秆燃气产物中氢气和甲烷的含量较高，燃气热值可达到17～21兆焦耳/米³，属于中热值燃气。水蒸气气化的主要反应是吸热反应，因此需要额外的热源，但是反应温度不能过高。该项技术比较复杂，不易控制和操作。

### 5. 水蒸气—空气气化

主要用来克服空气气化产物热值低的缺点。从理论上讲，水蒸气—空气气化比单独使用空气或水蒸气作为气化剂的方式优越，因为减少了空气的供给量，并生成更多的氢气和碳氢化合物，提高了燃气的热值。此外，空气与秸秆的氧化反应，可提供其他反应所需的热量，不需要外加热系统。

### 6. 氢气气化

氢气气化是以氢气作为气化剂的气化过程。主要气化反应是氢气与固定碳及水蒸气生成甲烷的过程。此反应可燃气的热值为22.3～26兆焦耳/米³，属于中热值燃气。氢气气化反应的条件极为严格，需要在高温高压下进行，一般不常使用。

### （二）秸秆气化设备

秸秆气化反应发生在气化炉中，气化炉是气化反应的主要设备。在气化炉中，秸秆完成气化反应过程转化为秸秆燃气。针对其运行方式的不同，可将气化炉分为固定床气化炉和流化床气化炉。

### 1. 固定床气化炉

固定床气化炉的气化反应一般发生在一个相对静止的床层中，生物质依次完成干燥、热解、氧化和还原反应。根据气流运动方向的不同，固定床气化炉又可分为下吸式、上吸式和横吸式。

## 2. 流化床气化炉

流化床气化炉多选用惰性材料（如石英砂）作为流化介质，首先使用辅助燃料（如燃油或天然气）将床料加热，然后秸秆进入流化床与气化剂进行气化反应，产生的焦油也可在流化床内分解。流化床原料的颗粒度较小，以便气、固两相充分接触反应，反应速度迅速，气化效率高。流化床气化炉又可分为鼓泡床气化炉、循环流化床气化炉、双床气化炉和携带床气化炉。

### （三）秸秆燃气

秸秆燃气是由若干可燃气体（一氧化碳、氢气、甲烷、硫化氢等）、不可燃成分（二氧化碳、氮气、氧气等）以及水蒸气组成的混合气体，易于运输和储存，提高了燃料的品质。

#### 1. 秸秆燃气的净化

气化炉出来的可燃气（称为粗燃气）中含有一定的杂质，不能直接使用，需要对粗燃气进行进一步的净化处理，使之符合有关燃气的质量标准。粗燃气中杂质是复杂和多样的，一般可分为固体杂质和液体杂质。固体杂质包括灰分和细小的炭颗粒，液体杂质包括焦油和水分。针对秸秆燃气中杂质的多样性，需要采用多种设备组成一个完整的净化系统，进行冷却及清除灰分、炭颗粒、水分和焦油等杂质。

#### 2. 除焦油技术

在秸秆气化过程中，无法避免地要产生焦油。焦油的成分非常复杂，大部分是苯的衍生物及多环芳烃，含量大于5%的成分有苯、萘、甲苯、二甲苯、苯乙烯、酚和茚等，在高温下呈气态，当温度降低至200℃时凝结为液态。焦油的存在影响了燃气的利用，降低了气化效率，并且容易堵塞输气管道和阀门，腐蚀金属，影响系统正常使用，因此，应当去除。去除秸秆燃气中焦油的主要技术有水洗、过滤、静电除焦和催化裂解。

### （四）秸秆气化集中供气系统

秸秆燃气是一种高品质的能源，可以暂时储存起来，需要使用时通过输气管网送至最终用户。我国在20世纪90年代发展起来一项供气技术——秸秆气化集中供气系统。它是以农村量大面广的各种秸秆为原料，向农村用户供应燃气，应用于炊事，改善农民原有以薪柴为主的能源消费结构。

#### 1.集中供气系统

集中供气系统的基本模式为：以自然村为单元，系统规模为数十户至数百户，设置气化站（储气柜设在气化站内），铺设管网，通过管网输送和分配秸秆燃气到用户家中。

集中供气系统包括切碎机、上料装置、气化炉、净化装置、燃气输送机、风机、储气柜、安全装置、管网和用户燃气系统等设备。

秸秆类原料首先用切碎机进行前处理，然后通过上料装置送入气化炉中。秸秆在气化炉中发生气化反应，产生粗煤气，由净化装置去除其中的灰分、炭颗粒、焦油和水分等杂质，并冷却至室温。经净化的秸秆燃气通过燃气输送机被送至储气柜，储气柜的作用是储存一定容量的秸秆燃气，以便调整炊事高峰时用气，并保持恒定压力，使用户燃气灶稳定地进行工作。气化炉、净化装置和燃气输送机统称为气化机组。储气柜中秸秆燃气通过管网分配到各家各户，管网由埋于地下的主、干及支管路组成，为保证管网安全稳定的运行，需要安装阀门、阻火器和集水器等附属设备。用户燃气系统包括室内燃气管道、阀门、燃气计量表和燃气灶，因秸秆燃气的特性不同，需配备专用的燃气灶具。用户如果有炊事的要求，只要打开阀门，点燃燃气灶就可以方便地使用清洁能源，最终完成秸秆能转化和利用过程。

2. 秸秆气化集中供气系统主要设备

主要设备包括：粉碎机、加料机、气化炉、旋风除尘器、洗涤塔、真空泵、净化分离器、储气柜、管网等。

（1）粉碎机、加料机。分别为粉碎物料和对气化炉进行加料时使用的设备。

（2）气化炉。气化炉是将秸秆原料通过热裂解还原反应产生燃气的设备。

（3）旋风除尘器。采用普通切向式旋风分离进行除尘。

（4）洗涤塔。洗涤塔是采用雾化喷淋装置对燃气进行冷却、除焦油、灰分的设备。进行雾化喷淋的水循环使用。燃气通过冷凝，焦油及灰分与雾化喷淋水凝结顺着管壁、板壁流下，从溢流口溢出，通过地沟流入循环池。

（5）真空泵。真空泵为系统动力源，采用水环式真空泵为燃气提供动力。

（6）净化分离器。净化分离器是进一步对燃气净化，除焦油、灰分的设备。

（7）储气柜。储气柜可根据用户的条件和要求，选用湿式或干式储气柜两种形式，根据材料的不同又可分为气袋式和钢柜式（全钢柜和半钢柜）。

（8）管网。秸秆燃气输送至用户，可采用水、煤气钢管和中密度聚乙烯管等，户内使用镀锌管，并配专用煤气表、灶。

### 3. 秸秆气化集中供气系统注意问题

一是防止一氧化碳中毒。气化集中供气用户以农民为主，对此更应给予足够的重视。二是二次污染问题。粗燃气含有焦油等有害杂质，采用水洗法净化过程中会产生大量含有焦油的废水，如果随意倾倒，就会造成对周围土壤和地下水的局部污染。如何处理好这些污染物，不使这些污染物对环境造成更为严重的二次污染，是秸秆气化集中供气系统所面临的突出问题。三是减少燃气中的焦油量。由于系统的规模较小，对秸秆燃气中的焦油净化得并不完全，已净化燃气中焦油量比较高，在实际使用过程中，给系统长期稳定运行和用户带来了一定的困扰。

# 第七章

# 沼气利用技术

## 第一节　沼气概述

### 一、什么是沼气

#### （一）沼气的概念

在日常生活中，特别是在气温较高的夏、秋季，人们经常可以看到从死水塘、污水沟、储粪池中"咕嘟咕嘟"地向表面冒出许多小气泡，如果把这些小气泡收集起来，用火去点燃，便可产生蓝色的火苗，这种可以燃烧的气体就是沼气。由于它最初是从沼泽中发现的，所以叫作沼气。沼气是有机物质在厌氧条件下产生出来的气体，因此又称为生物气。

沼气实质上是人畜粪尿、生活污水和植物茎叶等有机物质在一定的水分、温度和厌氧条件下，经沼气微生物的发酵转换而成的一种方便、清洁、优质气体燃料，可以直接用于炊事和照明，也可以供热、烘干、储粮。沼气发酵剩余物是一种高效有机肥料和养殖辅助营养料，与农业主导产业相结合，进行综合利用，可产生显著的综合效益。

（二）沼气的来源

沼气发酵是自然界中普遍而典型的物质循环过程，按其来源不同，可分为天然沼气和人工沼气两大类。天然沼气是在没有人工干预的情况下，由于特殊的自然环境条件而形成的。除广泛存在于粪坑、阴沟、池塘等自然界厌氧生态系统外，地层深处的古代有机体在逐渐形成石油的过程中，也产生一种性质近似于沼气的可燃性气体，叫作天然气。人类在分析掌握了自然界产生沼气的规律后，便有意识地模仿自然环境建造沼气池，将各种有机物质作为原料，用人工的方法制取沼气，这就是人工沼气。

（三）沼气的成分

无论是天然产生的，还是人工制取的沼气，都是以甲烷为主要有效成分的混合气体，其成分不仅随发酵原料的种类及相对含量不同而有变化，而且因发酵条件及发酵阶段各有差异。一般情况下，沼气中的主要成分是甲烷、二氧化碳和少量的硫化氢、氢气、一氧化碳、氮气等气体。其中，甲烷占50%～70%、二氧化碳占30%～40%，其他成分含量极少。沼气中的甲烷、氢气、一氧化碳等是可以燃烧的气体，人类主要利用这一部分气体的燃烧来获得能量。

（四）沼气的性质

沼气是一种无色气体，由于它常含有微量的硫化氢气体，所以，脱除硫化氢前，有轻微的臭鸡蛋味，燃烧后，臭鸡蛋味消除。沼气的主要成分是甲烷，它的理化性质也近似于甲烷。

### 1. 热值

甲烷是一种热值相当高的优质气体燃料。纯甲烷在标准状况下完全燃烧，可放出热量约35 822千焦/米³，最高温度可达1 400℃。而标准沼气中因含有其他杂质气体，放出热量要稍低一点，约为20 000千焦/米³，最高燃烧温度可达1 200℃。因此，在人工制取沼气中，应创造适宜的发酵条件，以提高沼气中甲烷的含量。

### 2. 比重

与空气相比，甲烷的比重为0.55，标准沼气的比重为0.94。因此，在沼气池气室中，沼气较轻，分布在上层；二氧化碳较重，分布于下层。沼气比空气轻，在空气中容易扩散，扩散速度比空气快3倍。当空气中甲烷的含量达25%～30%时，对人畜有一定的麻醉作用。

### 3. 溶解度

甲烷在水中的溶解度很小，在20℃、一个大气压下，100单位体积的水只能溶解3个单位体积的甲烷，这就是沼气不但在淹水条件下生成，还可用排水法收集的原因。

### 4. 临界温度和压力

气体从气态变成液态时，所需要的温度和压力称为临界温度和临界压力。标准沼气的平均临界温度为-37℃，平均临界压力为56.64×10⁵帕（即约56.64个大气压力）。这说明沼气液化的条件是相当苛刻的，也是目前沼气只能以管道输气，不能液化装罐作为商品能源交易的原因。

### 5. 分子结构与尺寸

甲烷的分子结构是1个碳原子和4个氢原子构成的等边三角四面体，分子量为16.04。其分子直径为3.76×10⁻¹⁰米，约为水泥砂浆孔隙的1/4，这是研制复合涂料，提高沼气池密封性的重要依据。

### 6.燃烧特性

甲烷是一种优质气体燃料，1个体积的甲烷需要2个体积的氧气才能完全燃烧。氧气约占空气的1/5，而沼气中甲烷含量为60%～70%，所以，1个体积的沼气需要6～7个体积的空气才能充分燃烧。这是研制沼气用具和正确使用灶具的重要依据。

### 7.爆炸极限

在常压下，标准沼气与空气混合的爆炸极限是8.80%～24.4%，沼气与空气按1∶10的比例混合，在封闭条件下，遇到火会迅速燃烧、膨胀，产生很大的推动力。因此，沼气除了可以用于炊事、照明外，还可以用作动力燃料。

## 二、沼气发酵器的类型

### （一）常规消化器

常规消化器也称常规沼气池，其结构简单、应用广泛。消化器内原料可分为4层：浮渣层、上清液层、活性层和沉渣层（图7-1）。发酵温度为常温，有机负荷为1～2千克/（米$^3$·天），

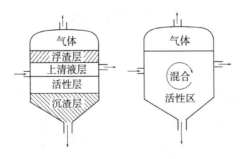

**图7-1　常规沼气池料液结构分布**

产气率为0.2～0.5米³/（米³·天）。我国的水压式沼气池、曲流布料沼气池、浮罩式沼气池以及印度的浮动气罩沼气池均属这类消化器。

（二）高速消化器

高速消化器是世界上使用最多、适用范围最广的一种消化器。由于高速消化器内设有搅拌装置，使发酵原料与微生物菌群处于完全混合状态，活性区遍布整个消化器，消化效率高（图7-2）。高速消化器多采用恒温连续投料或半连续投料工艺，发酵温度属中温或高温，滞留期一般超过15天，有机负荷率为中温3～4千克/（米³·天），高温5～6千克/（米³·天）。

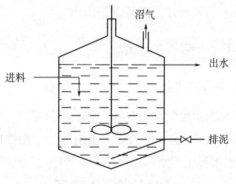

图7-2　高速消化器

（三）厌氧接触消化器

厌氧接触消化器采用污泥沉淀槽，使活性污泥回流进入消化器，将固体滞留期（SRT）与水力滞留期（HRT）加以区分，以此增加消化器内固体物的滞留时间及活性污泥的浓度，同时减少出料中的固体物，该工艺具有较高的有机负荷和处理效率，产气多且稳定（图7-3）。我国南阳酒精厂就是采用此工艺的。

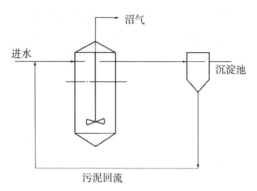

图7-3 厌氧接触消化器

（四）厌氧滤器

厌氧滤器内填充有介质，厌氧菌群可附生在介质的表面并形成生物膜（图7-4）。处理污水时，有机物被分解利用，

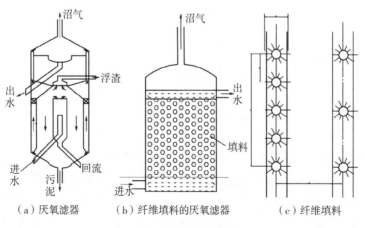

（a）厌氧滤器　　（b）纤维填料的厌氧滤器　　（c）纤维填料

图7-4 厌氧滤器

而微生物附着生长不易流失。一般细菌从生成到生物膜脱离需要150～600天，这样大大提高了消化器的处理效率。其优点为增加物料和菌种的接触机会，缩短物料的滞留时间；其缺点是在过滤中容易被大量生长的微生物堵塞。常用的介质有石头、煤渣、聚四氟乙烯、聚丙烯、聚乙烯等。

## （五）升流式厌氧污泥床

升流式厌氧污泥床的消化器上部安装有气、固、液三相分离器（图7-5）。在该消化器内，所产生的沼气在分离器下被收集起来，污泥和污水升流进入沉淀区，由于该区不再有气泡上升的搅拌作用，悬浮于污水中的污泥则发生絮凝和沉降，

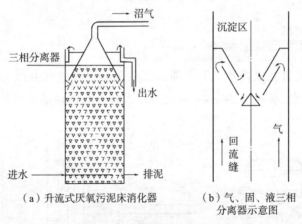

（a）升流式厌氧污泥床消化器 　（b）气、固、液三相
　　　　　　　　　　　　　　　　　　分离器示意图

**图7-5　升流式厌氧污泥床**

它们沿分离器斜壁滑回消化器内，使消化器内积累起大量活性污泥。在消化器底部是浓度很高并具有良好沉降性能的絮凝颗粒或颗粒状活性污泥，形成污泥床。有机污水从消化器底部进入污泥床并与活性污泥混合，污泥中的微生物分解有机物生成

沼气，沼气以小气泡形式不断放出，在上升过程中逐渐合并成大的气泡。由于气泡上升的搅动作用，使消化器上部的污泥呈悬浮状态，形成逐渐稀薄的污泥悬浮层。有机污水自下而上经气、固、液三相分离器后从上部溢流排出。

在升流式厌氧污泥床内，颗粒污泥的形成是厌氧消化过程的一个新发现，它实际上是沼气发酵微生物的天然固定化。颗粒污泥具有较强的产甲烷活性和良好的沉降性能，对消化器负荷的提高和运转的稳定性均有显著作用。但活性污泥层形成的时间较长，一般要三个月以上才能逐渐达到正常运行的要求。

### （六）厌氧床工艺

这一工艺分为厌氧膨胀床和厌氧流化床两种，目前多为实验室装置。厌氧膨胀床和厌氧流化床同属于附着生长型生物膜消化器，在其内部填有像沙粒一样大小的惰性介质，如焦炭粉、硅藻土、粉煤灰或合成材料等，颗粒直径一般为0.2毫米左右。有机污水在介质空隙中自下而上穿过，污水及所产沼气的上升速度足以使惰性介质颗粒呈膨胀状态或流态化（图7-6）。每一个介质颗粒都被生物膜所覆盖，这样

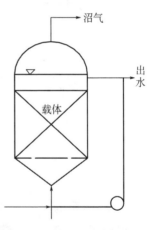

**图 7-6 厌氧膨胀床消化器**

使每单位体积消化器可以比悬浮生长或厌氧滤器工艺具有更大的有效表面积，能够支持更多的生物量，从而提高厌氧生物降解能力。

（七）两相厌氧消化器

该消化装置又称两步发酵器，即把水解酸化与产甲烷阶段分离置于两个消化器内（图7-7），适用于处理多种固体废弃物，解决了固体原料发酵酸化和出料难的问题。

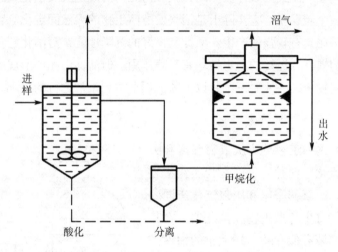

图 7-7 两相厌氧消化器

## 三、我国农村常见沼气发酵工艺

沼气发酵的工艺类型很多，可按进料方式、装置类型、作用方式、发酵料液、发酵温度、级差等进行划分和分类，同一种工艺从不同角度有时可划分为几种工艺类别。

### （一）按进料方式划分

#### 1. 批量发酵

一批料经一段时间发酵后，重新换料。可观测发酵产气的全过程，但产气不均衡，多用于沼气发酵原料、工艺条件等的研究。另外，干发酵工艺和铁罐式沼气池（图7-8）常采用批量发酵工艺。

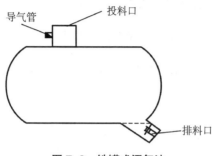

图 7-8　铁罐式沼气池

2. 半连续发酵

正常沼气发酵，当产气量下降时，小进料，以后定期补料和出料，产气均衡、适用性较强，常见于农村沼气发酵。

半连续发酵工艺流程如图7-9所示。

3. 连续发酵

沼气发酵正常运转后，按一定的负荷量连续进料或出料，间隔时间短、产气均衡、运转效率高，一般用于有机废水的处理和大中型沼气工程。连续发酵有如下优点。

（1）连续发酵可维持稳定的产气量。

（2）可保持比较稳定的原料利用速度。

（3）能连续维持比较稳定的发酵条件。

（4）可以使沼气微生物逐渐完善，且长期保存于沼气池中。

（5）能充分发挥沼气池的负荷能力、原料消化能力和产气能力，不致因大换料等原因而造成沼气池利用率的浪费。

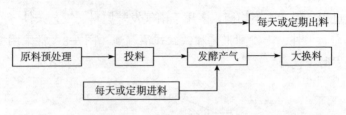

图 7-9    半连续发酵工艺流程

连续发酵工艺流程如图7-10所示。

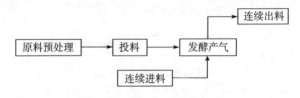

图 7-10    连续发酵工艺流程

## （二）按装置类型划分

### 1.常规发酵

沼气发酵装置内没有固定或截留活性污泥的措施，提高运转效率受到一定限制，农村沼气发酵多为这类装置。

### 2.高效发酵

沼气发酵装置内设有固定或截留活性污泥的措施，产气率、转化效果以及滞留期等均较常规发酵好。

## （三）按作用方式划分

### 1.两步发酵

沼气发酵的产酸阶段与产甲烷阶段分别在两个装置中进行，有利于高分子有机废水和废弃有机物的处理，有机质转化效率高，但单位有机质的沼气产量稍低。

两步发酵的工艺流程如下。

（1）纤维素原料首先进行水解，然后进入酸消化器发酵产酸，加料量为池容16.2～162千克/（米³·天）总有机物。

（2）加入接种物。

（3）维持酸消化器适宜的发酵条件，即pH值为5.7～6.0，发酵温度为22℃或48℃。

（4）维持适宜的甲烷发酵条件，即pH值控制在7.4～7.5，温度为36～37℃。

（5）排放，酸消化器中的酸液通过一个滤器连续排放或泵入甲烷消化器中，甲烷消化器中已发酵的料液也连续排放出去，为了保持较高的产气率，排出的活性污泥可回收利用。

2. 混合发酵

沼气发酵的产酸阶段与产甲烷阶段在同一装置内进行，农村沼气池一般都属这类发酵。

（四）按发酵料液的状态划分

1. 液体发酵

发酵料液的总固体含量在10%以下，发酵料液中存在有流动态的液体，农村沼气发酵多属这类发酵。

2. 固体发酵或干发酵

发酵原料的总固体含量为20%～30%，不存在可流动的液体，甲烷含量较低，气体转化效率稍差，适用于水源紧张、原料丰富的地区。

3. 高浓度发酵

发酵料液的总固体含量为15%～17%，介于液体与固体发酵之间。

（五）按发酵温度划分

1. 常温发酵

发酵温度随气温的变化而变化，沼气产量不稳定，转化效率低，农村沼气发酵多属常温发酵。

2. 中温发酵

发酵温度为28~38℃，沼气产气量稳定，转化效率高。

3. 高温发酵

发酵温度为48~60℃，有机物分解速度快，适用于有机废弃物及高浓度有机废水的处理。

（六）按发酵级差划分

1. 单级发酵

发酵原料只经一个沼气池发酵完成，农村沼气发酵多属单级发酵。

2. 两级发酵

两个沼气池串联，第一个沼气池占总产气量的80%，其消化液进入第二个池。

3. 多级发酵

多个沼气池串联，多用于污水处理，彻底除去生化需氧量（BOD）。

# 第二节　农村户用沼气池技术

## 一、农村户用沼气池的类型

农村户用沼气池在设计上应力求简易、实用、高效、易管，在修建上保证不漏水、不漏气。沼气池按储气方式分，有水压式、浮罩式和气袋式；按几何形状分，有圆筒形、球形、椭球形等多种形状；按发酵机制分，有常规型、污泥滞留型和附着膜型；按埋设位置分，有地下式、半埋式和地上式；按建池材料分，有砖结构池、石结构池、混凝土结构池、钢筋混凝土结构池、玻璃钢池、塑料池和钢丝网水泥池等；按发酵温度分，有常温发酵池、中温发酵池和高温发酵池。

## 二、沼气池结构及工作过程

### （一）结构

沼气池一般由进料口、进料管、导气管、活动盖、发酵间储气部分、发酵间料液部分、出料间、出料连通管等部分组成，如图7-11所示。

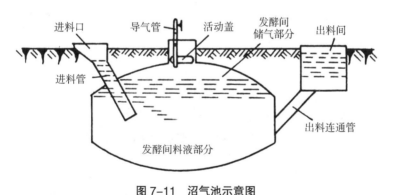

**图7-11 沼气池示意图**

### （二）沼气池的工作过程

以水压式沼气池为例，其工作过程一般可分为3个步骤：

第一步，没有产气时或沼气被用完时，沼气池发酵间液面与进料间、出料间液面相平，这时液面所在的位置称为零压线。

第二步，沼气发酵产气后，沼气集中到发酵间储气部分。随着沼气的产生，沼气的压力不断增大，把发酵间料液部分中的料液逐渐压到进料管和出料间，发酵间内液面逐渐下降，进料间和出料间液面不断升高，使进料管和出料间的液面高于发酵间液面，产生一个水位差，这个水位差也就是沼气压力表上显示的数值。沼气压力到一定程度时，就可以从导气管输送出去以供使用。

第三步，当打开开关使用沼气时，沼气在水压作用下排出，随着使用沼气逐渐减少，发酵间储气部分的沼气压力下降，进料间和出料间的液体因发酵间储气部分的压力下降流回发酵间储气部分，使水位差不断下降，导致沼气压力也随之相应降低。如果长时间没有使用沼气或产沼气量太大，产生的沼气会超过沼气池的最大储气量，这时沼气会从进料间或出料间漏出。

## 三、户用沼气池的建造

农村户用沼气池的建造过程主要包括沼气池的结构设计、尺寸设计、材料选择和安装要点等方面的内容。

### （一）结构设计

农村户用沼气池一般采用地下式沼气池结构，由沼气池本体、沼渣池和沼气收集系统组成。沼气池本体通常为圆形或方形，底部为锥形，顶部设有沼气取样孔和沼气出口。沼渣池位于沼气池的一侧，用于存放发酵后的废弃物。沼气收集系统由沼气管道和沼气收集罩组成，将产生的沼气收集起来供家庭使用。

### （二）尺寸设计

农村户用沼气池的尺寸设计应根据家庭的人口数量和废弃物产生量来确定。一般来说，每个家庭成员每天产生的废弃物量为0.5～1千克，沼气池的有效容积应为废弃物产生量的2～3倍。沼气池的深度一般为2～3米，直径为4～6米。

### （三）材料选择

农村户用沼气池的材料选择应考虑到耐腐蚀性和密封性。常用的材料有玻璃钢、混凝土、塑料等。玻璃钢具有良好的耐腐蚀性和密封性，但成本较高；混凝土坚固耐用，但施工周期较长；塑料具有良好的耐腐蚀性和密封性，且成本较低，是较为常用的材料。

### （四）安装要点

农村户用沼气池的安装要点包括选址、基础施工、沼气池本体安装和沼气收集系统安装。选址时应选择通风良好、阳光充足的地方，避免在低洼地区或靠近水源的地方建设。基础施工时应保证基础的稳固和防水性能。沼气池本体安装时应注意密封性，确保沼气不会泄漏。沼气收集系统安装时应保证沼气管道的通畅和沼气收集罩的密封性。

## 四、户用沼气池的启用与运行

农村户用沼气池，必须经过试压验收合格后，才能投料启动使用。

### （一）发酵原料的准备

农村户用沼气池容积一般为6米³、8米³和10米³，第一次投料需要准备各种粪便2～3米³或经铡短30～50毫米的秸秆300～500千克，且对原料必须进行堆沤预处理，才能入池。

### （二）装料

将预处理好的原料加水，使其干物质浓度达到：夏、秋季的6%，春、冬季的10%（粪：水=1：3）入池。以粪便作原料，夏、秋季启动可不加菌种，其他季节和其他原料启动时必须加10%～30%的接种物（沼液或污泥）。

装料量为沼气池容积的80%～85%，即液面达到池墙与池拱的交界处。不能太满，要留气室。

### （三）安全发酵

（1）禁止电石、农药、刚消过毒的禽畜粪便、肥皂水、洗衣粉水等倒入沼气池内。

（2）禁止将骨粉、磷矿粉、棉籽饼、毒饵和动物尸体加入沼气池。

（3）沼气池要勤进料，保持池内有充足的新鲜发酵原料；勤出料，保证沼气池有足够的储气空间。

### （四）安全管理

（1）沼气的进、出料口要加盖，防止人畜掉进池内造成伤亡。

（2）经常观察压力表变化，当池子产气旺盛，池内压力过大时，立即用气或放气，以防涨坏池子和压力表。

（3）加料入沼气池，如数量较大，应打开开关，缓慢加入。一次出料较多，压力表水柱下降到接近"0"时，应打开开关，以免产生负压，损坏池子。

（4）沼气池进料后，不要轻易下池出料或检修。如需下池，不能在出料后立即下池，务必采取安全防护措施：一是保证进、出料口通风，使新鲜空气充分换入；二是把动物放入池内观察15~30分钟，动物能正常活动方可下池；三是下池人员必须系安全绳，池外必须有人看守，禁止一人单独作业，下池人员稍感不适，应立即到池外休息。

（5）严禁使用明火，不得在池口周围点明火照明或吸烟，进池入员只能用手电或镜子反光照明。

（6）严禁向池内丢明火烧余气，防止失火、烧伤或引起池子爆炸。

### （五）安全用气

（1）使用前接通气源，坚固各接头，用肥皂水检查各接头是否有漏气现象（灶前压力保证在784帕4个气压以上）。

（2）使用沼气时，视沼气压力大小，先将开关开小一些，待点燃后，再全部扭开，以防沼气放出过多，烧到身体，或引起火灾。

（3）沼气灯、炉具和输气管，不能靠近柴草等易燃物品，以防失火。一旦发生火灾，应立即关闭开关，切断气源。

（4）禁止在沼气池导气管和出料口点火试气，以免引起回火炸坏池子；同时不准用明火检查各处接头、开关漏气情况。

（5）如在室内闻到臭鸡蛋气味时，应迅速打开门窗或扇风将沼气排出室外，不能使用火柴、油灯、蜡烛、打火机等明火，以防引起火灾。当臭鸡蛋味完全消失后，才能使用明火。

（6）发现燃烧不正常时，调节风门控制，空气适量时，火焰呈蓝色、稳定、透明、清晰；空气不足时，火焰发黄而长；空气过量时，火焰短而跳跃，并出现离焰现象。

（7）使用过程中火焰被风吹灭或被水淋熄，应立即关闭气阀，打开窗户疏通空气，此时严禁用火种及电源开关，以免引起火灾。

（8）新建沼气池或新投料沼气池刚产生一些气后不能使用电子点火，因新池产生沼气过程中还有相当一部分空气和杂气，甲烷可燃成分比例低，此时应把炉具风门调小，用明火点燃，沼气正常后，才能使用电子点火。

# 第三节 农村沼气工程技术

## 一、农村沼气工程的类型

农村沼气工程技术，是一项以开发利用有机废弃物（如养殖场粪污等）为对象，以获取能源和治理环境污染为目标的农村能源工程技术。

### （一）按容积大小进行分类

沼气工程按容积大小分小型、中型、大型和特大型。

#### 1. 小型沼气工程

小型沼气工程单体装置容积20～300米$^3$，总体装置容积20～600米$^3$，日产沼气量5～150米$^3$。

#### 2. 中型沼气工程

中型沼气工程单体装置容积300～500米$^3$，总体装置容积

$300 \sim 1\,000$米$^3$，日产沼气量$150 \sim 500$米$^3$。

### 3.大型沼气工程

大型沼气工程单体装置容积$500 \sim 2\,500$米$^3$，总体装置容积$500 \sim 5\,000$米$^3$，日产沼气量$500 \sim 5\,000$米$^3$。

### 4.特大型沼气工程

特大型沼气工程单体装置容积大于$2\,500$米$^3$，总体装置容积大于$5\,000$米$^3$，日产沼气量大于$5\,000$米$^3$。

## （二）按处理不同有机废物的种类进行分类

### 1.畜牧场沼气工程

近年来，随着城市"菜篮子工程"和大型集约化养殖业的发展，禽畜粪便污水对环境的污染更加严重。大中型沼气工程的实施与建设，对充分利用资源、治理污染以及回收能源等有着十分重要的现实意义。由于粪便中悬浮物多、固形物浓度大，这类工程的主要目的是制取沼气，一般对出水水质要求不高，因此可采用完全混合式工艺进行处理。现行流行的工艺大都采用厌氧接触工艺，增设搅拌和污泥回流装置，多为有保温设施的地面式沼气池。

### 2.工业废水的沼气处理工程

（1）高浓度有机废水的处理。高浓度有机废水指有机质（COD）的含量大于$5\,000$毫克/升的废水，如酒精废水、柠檬酸废水、豆腐制品废水、溶剂废水等。一般COD含量在$10\,000 \sim 50\,000$毫克/升。这类废水的沼气工程处理早期多采用半埋式隧道式池型，池内设有沼气搅拌器或射流搅拌器。通常对废水的COD去除率不会超过80%，处理酒精废水时的产气率为$1.2 \sim 2$米$^3$/（米$^3$·天）。

（2）低浓度有机废水的处理。低浓度有机废水指COD含量小于5 000毫克/升的废水，如肉联厂、啤酒厂、制革厂、印染厂等废水。北京环保所在北京肉联厂建成的污泥床反应器，浙江农林大学在杭州肉联厂建成的厌氧过滤器，以及清华大学在北京啤酒厂采用的污泥床工艺等，对COD的去除率可达90%以上，甲烷含量高达85%，滞留期仅为9小时，池容产气率达0.7米³/（米³·天），是我国目前推广应用的主要工艺。

### 3.城市生活污水的净化处理沼气工程

城市生活污水的净化处理多采用多级厌氧和兼性厌氧发酵工艺，将污泥床与过滤器相结合，并选用软性填料及过滤膜等组成多级净化装置，这种装置结构简单、易于施工、操作方便、投资分散、造价低廉，经处理后的水质可达到《粪便无害化卫生要求》（GB 7959—2012）和《污水排入城镇下水道水质标准》（GB/T 31962—2015）的要求，同时可回收沼气。

公共厕所粪便及冲洗水采用厌氧消化和折流式净化沟的工艺进行处理，厌氧部分分为混合式厌氧池和厌氧过滤池。该工艺无须耗能设备，运转费用极低，同时可回收部分沼气能，处理效果好，出水可达到国家生活污水排放三级或二级标准，该出水可以直接作为公共厕所周围的绿化用水。除此之外，还可将液肥储存池中的厌氧发酵液加工精制成高效有机液肥，该液肥方便卫生、肥效好。

## 二、农村沼气工程的设计与管理

### （一）一般要求

（1）厌氧消化装置的工艺应根据原料数量、性质、温度条件、污染控制、能源回收、原料预处理以及沼液利用等因素进行技术经济比较后确定。

（2）厌氧装置的设计流量应按原料月平均日流量最大来计算。

（3）除上流式厌氧污泥床外，厌氧装置均应密封，并能承受沼气的工作压力，还应有应对反应器内产生负压的措施。

（4）厌氧消化装置溢流出口必须水封，不得放在室内。

（5）应在消化池的上、中、下3个部位各设一个取样孔，在浇筑混凝土时预埋套管。

（6）应在消化池叶面设排渣管，底部设排泥管。

（二）大中型沼气工程附属设备

（1）保温和加温设备。常用的保温材料有泡沫混凝土、膨胀珍珠岩、聚苯乙烯泡沫塑料以及聚氨酯泡沫等；加热可采用料液加热和通入蒸汽加热。

（2）沼气收集。在沼气池池顶的集气罩应留有足够的空间，气柜的沼气进出管必须安装水封罐（阻火器），以确保安全。

（3）沼气净化。主要包含脱水设备和脱硫设备。

（4）沼气储存。一般采用低压湿式储气柜、干式储气柜、橡胶储气袋等储存沼气。

（5）监控设备。包括温度计、pH计、流量计、气体组分测定等。

（三）沼气工程的启动

1. 准备工作

（1）检查、清理厌氧消化装置及其管道。

（2）试水和气密性试验。

（3）单机调试和联动试运行。

（4）使各种管道处于待工作状态。

（5）校正仪器、仪表。

2. 污泥接种

（1）运行中的城市污水处理厂厌氧消化池中的消化污泥。

（2）处理工业废水的厌氧消化装置中的消化污泥。

（3）农村沼气池中的沉积物。

（4）沟、渠、池塘中的底泥以及初沉污泥、下水道污泥。

（5）好氧生物处理系统中排出的剩余污泥。

（6）人粪、牛粪、猪粪、酒糟等。

## （四）沼气工程运行管理

### 1. 沼气工程运行管理

（1）进料。按照设计要求加料排料，这是保证系统正常运行的前提。

（2）加热。厌氧消化装置应维持在相对稳定的消化温度。

（3）搅拌。使原料与活性污泥充分混合。

（4）排泥。厌氧消化装置内的污泥以维持在40%～60%为宜。

### 2. 大中型沼气工程维护保养

（1）厌氧消化装置。生物膜法厌氧消化装置容易发生堵塞，因此，运转一定时间后，应进行反冲洗。污泥床厌氧消化装置的布水与出水设备应及时疏通。厌氧消化装置溢流管必须保持畅通并保持其水封高度。

厌氧消化装置池体、搅拌系统、各种管道及闸阀应每年进行一次保温检查和维修。各种加热设施应经常除垢、检修和更换。

（2）储存、净化输配系统。

①储气罐的水封应保持水封高度，夏季应及时补充清水。

②冬季气温低于0℃时应采取防冻措施。

③应定期测定储气罐水封槽内水的pH值，当pH值小于6时，应换水。

④输气管道内的冷凝水应定期排放。

⑤严禁在储气罐低水位时排水，否则产生负压，储气罐的结构将遭到破坏。

⑥脱硫装置中的脱硫剂应定期再生或更换，冬季气温低于0℃时，应采取防冻措施。

⑦应定期检查储气罐、导气管道及闸阀是否漏气，并及时修复。

# 第四节　沼气的能源利用技术

## 一、沼气的能源利用技术

### （一）炊事用能

沼气燃烧充分，热能利用高，没有污染。作为炊事用能的主要燃具，沼气灶具须具有一定的热负荷，燃烧稳定性好，燃烧充分，热效率高，结构合理。

#### 1.灶具的结构

沼气用户现在使用的沼气灶，大部分属于大气式燃烧器，即沼气进入灶具内，在燃烧前依靠沼气本身压力混入一部分空气就叫作大气式燃烧器。由喷嘴、调风板、引射器和头部4个部分组成。

打开灶具前的开关，具有一定压力的沼气从喷嘴喷出以后，在引射器内与引射进来的部分空气（也叫作一次空气）充分混合，再与燃烧器头部火孔四周的部分空气（也叫作二次空气）混合，然后燃烧。

### 2. 使用方法

正确使用沼气灶能提高燃烧效率，故应严格按其使用说明安装、调试。首先应使灶前压力与灶具设计压力相符，并注意喷嘴与引射管距离的调节，使之处于最佳位置。一般旋入喷嘴调节到火孔板燃烧的火苗短促有力，呈蓝色火焰时即可。同时应注意喷嘴孔的调节，喷嘴孔过大，沼气流量加大，燃烧不充分形成浪费；孔过小沼气流量少，沼气与空气比例失调，炊事不理想。使用时，应注意喷嘴孔的及时调节和修正。火孔板和灶具台面等部位应保持清洁，避免汤料堵塞火孔。

## （二）沼气启动农机发电

用沼气替代汽油、柴油等作为动力启动农用机械是由热能转化为机械能的过程，原料成本低，环境污染少。如将农用柴油机改装为沼气发动机，功率和性能都能很好地保持。

### 1. 沼气发动机的特点

沼气发电，即将柴油发动机改装成全燃沼气发动机或沼气—柴油混燃发动机，配套小型同步电机或异步电机。

沼气是一种具有较高热值的可燃气体，沼气的发热量可达23 000千焦/米$^3$，由于含大量的燃料，其抗爆性很好，因此可作为内燃机的燃料。同样工作容积的内燃机，在使用甲烷时可以获得不低于原机的功率。用内燃机燃烧沼气具有热效率高、对大气污染少（无烟、少灰）和节约化石液体燃料等优点，很适合在有沼气资源的地区推广使用。

沼气发动机一般是由煤气机、汽油机、柴油机改制而成，而煤气机也是由汽油机、柴油机改装的，所以从本质上讲，沼气发动机的原机是汽油机、柴油机。一般沼气发动机都是由柴油机改制的，这是因为沼气的抗爆震性很好，所以沼气机的压缩比较高，这对提高发动机热效率非常有利。而汽油机受汽油容易爆炸的约束使得压缩比不能太高，无法满足沼气发动机的要求。

2. 沼气发电的关键技术

（1）采用沼气和空气在缸外混合的方式，在原柴油机空气滤清器和进气管之间加装沼气、空气混合器，除气门间隙加大外，柴油机未做任何改动，进入混合器的沼气量由输送沼气管道上的开关控制。

（2）沼气由多孔喷嘴喷出与经空气滤清器进入的空气在混合器中均匀混合后进入发电进气管，为防止回火，在喷管入口处装有隔爆机。

（3）柴油机启动时，输送沼气开关关闭，先由柴油启动运行，加负荷后，打开输送沼气开关，并根据实际用电情况，逐渐加大沼气量。

（4）沼气供给量可控制在全负荷供油量所相当的25%和50%的沼气量位置。

（5）其供给量可通过计算确定，气压表刻度与手柄位置对应，最大沼气量位置有一限位螺钉，以防沼气供给量过大。

### 3. 沼气—柴油双燃料发动机的操作方法

（1）启动时，关闭沼气阀，使用柴油，按照柴油机的启动方法，用柴油机启动。

（2）启动后，带上负荷，将柴油机油门放在合适的位置（一般放在中间偏低一点的位置），待发动机运转正常后，慢慢地打开沼气阀输入沼气。通入沼气后，在调速器作用下供油量自动减少，发动机转速稳定。若沼气量输入过多，发动机会出现瞬时供油中断现象，产生断续的工作声。遇到这种情况，应随即将沼气阀略微关小，直到其正常运转为止。在运转过程中，调整转速的方法与用柴油工作时一样，通过改变油门手柄位置来完成。随着双燃料发动机转速或负荷大小的改变，也要相应地开大或关小沼气阀，以保证双燃料发动机正常运转和有较好的节油效果。当沼气—柴油双燃料发动机冷却水温较低以及小负荷运转时，节油效果较差。

（3）停车时应先关闭沼气阀，再关闭油门。

## 二、沼气热能利用技术

### （一）沼气升温孵鸡

沼气升温孵鸡，投资小、成本低，设备简单、操作方便，孵化率高且易于推广。沼气用于孵鸡的效益高，与电孵相比，1米³沼气可相当于10千瓦·时的电。其技术要点如下。

种蛋要求：新鲜、光滑、大小均匀并呈椭圆形，无裂缝。

种蛋消毒：选好的种蛋温水洗净后，用35～38℃的0.1%高锰酸钾溶液浸泡10分钟。

装蛋入孵：将洗净消毒的种蛋大头向上倾斜放入蛋盘，并提前半天于20～24℃的孵化室内预热。如温度不够，可点火加热以除去蛋面水分，并点燃沼气燃烧器给水箱加热，箱内温度达到孵蛋要求的温度时，便可移入蛋盘进行孵化。

温度控制：1～6天，温度为39～39.5℃；7～14天，温度为38～38.5℃；15～21天，温度为37～37.5℃。

湿度要求：1～6天60%～65%，7～14天50%～55%，15～21天65%～70%。

翻蛋通风：一般每隔4～6小时进行翻蛋和调换蛋盘，调换蛋盘采取上下、前后及左右对调；每天凉蛋2～3次，将温度调整到37℃左右，至第17天后，特别要注意通风换气，到第20天停止凉蛋。

摊蛋出雏：入孵14天后的蛋胚从孵化器取出，放入出壳箱，放置时仍应将胚蛋大头向上，小头向下，孵化至出雏。

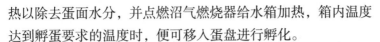

（二）沼气灯照明升温育雏鸡

沼气灯亮度大、升温效果好、调控简单、成本低廉，用沼气灯升温育雏能使雏鸡生长发育良好，成活率高，其具体方法如下。

将沼气灯吊在距育雏箱0.65米左右的上方，沼气灯点燃后，要控制好输气开关，并按日龄进行调温。1周龄的雏鸡，适宜温度为34～35℃，2周龄为32～33℃，3周龄为28～30℃，4周龄为25℃左右。对1～2日龄的雏鸡应采用沼气灯24小时连续光照，随后逐渐缩短光照时间。

调节温度时，其原则为初期高一些，后期低一些；夜间高一些，白天低一些；体弱的高一些，体强的低一些。

注意事项：调节温度，通风换气，精心喂养，防疫防病。

### （三）沼气养蚕

沼气养蚕是指用沼气灯给蚕种感光收蚁和燃烧沼气给蚕室加温，以达到孵化快、出蚁齐、缩短周期及提高蚕茧的产量和质量的目的，同时还可节约煤、木炭等常规能源。

#### 1. 沼气灯感光收蚁

蚕种催青到快孵化时，催青室内完全黑暗，把蚕种摊开放在距沼气灯65~70厘米处，然后点燃沼气灯，照射1小时左右，一张蚕种可出蚁一半以上，不孵化的，第二天重复照射1次，即可全部出齐。该方法比常规方法有出蚁齐和有利于生长等特点，同时能克服用煤油灯产生的烟气污染。

#### 2. 沼气加温养蚕

沼气加温养蚕温差波动小，有利于生长，比煤球加温的健蚕率高4.8%，每张种蚕总收茧量可增加3.25千克，上茧率高2%。

沼气灯直接照明加温：采用先进的沼气灯，如华莹灯、余杭灯等，一般一盏沼气灯可加温70米$^2$的蚕室，一昼夜耗用1.1米$^3$沼气。

沼气红外线发生器加温：即以沼气为燃料，由红外线发生器产生长波辐射，并通过蚕室空气的传导和对流作用使蚕室升温。由于沼气红外线发生器升温快，可达800~900℃高温，形成红外辐射流，因此，其四周和顶部应离开蚕簇及蚕具40厘米以上，还应在红外线发生器上放置铁皮或铝皮，以防熨死蚕子。目前，江苏、浙江、四川等地已普遍采用沼气红外线加温的方法养蚕。

沼气蚕室加温保湿散热器由水箱、散热片、废气管、燃烧腔、燃烧器等组成，燃烧器可采用北京四型炉、嘉兴A型炉等。

3. 注意事项

气源充足：1～2张蚕种需要配建一口8米³的沼气池，2～3张蚕种需要配建一口15米³的沼气池，其产气率达到0.15米³/（米³·天）。

蚕室消毒：按常规进行。

通风换气：一般每日3次。

蚕沙处理：及时清理，并投入沼气池。

注意安全。

### （四）沼气灯照明提高母鸡产蛋率

利用沼气灯对产蛋母鸡进行人工光照，并合理地控制光照时间和强度，能使母鸡新陈代谢旺盛，促进和加快母鸡的卵细胞发育、成熟，达到多产蛋的目的。沼气灯对产蛋母鸡进行人工光照，应选择在日落后或凌晨进行。一般可按每10米²的鸡舍点燃一盏沼气灯，每天定时光照。开始每天2～3小时，以后逐渐延长，一次延长时间最多不超过1小时，每天总光照时间最长不宜超过17小时，同时要保证母鸡的营养。

### （五）沼气灯诱虫喂鱼

沼气灯诱虫喂鱼的好处很多，一是能直接消灭农作物的害虫，变害为利，降低种植业、养殖业的生产成本；二是能获得高蛋白的精饲料，鱼类长得快、肉嫩味美；三是灯光诱杀害虫，无农药污染，有利于环保卫生和农业生态良性循环。因此，它的直接和间接经济效益都十分显著。经测算，每盏灯平均每年可多长种苗30千克，3盏灯全年获纯利600元左右，不到半年便可收回其全部投资。其技术要点为：沼气灯架设在鱼池内，高度距水面70～80厘米，用简易三脚架固定，灯的安装方式以一点两线、长藤结瓜、背向延伸为宜，输气管道的内径随沼气灯距气源的远近而增减。一般当距离为30米、50米、100米、150米、200米时，其内径分别为12毫米、16毫米、20毫米、24毫米、26毫米才能达到最佳光照强度。一般每50米$^2$水面安装3盏沼气灯为宜。

## （六）沼气灯保温储存甘薯

甘薯盛产于我国南方，是高产作物。传统的储存方式是地窖储存，但每年当窖内温度低于9℃时，常常烂薯严重，造成损失。20世纪80年代后期以来，四川农民用沼气灯保温储存甘薯，健康甘薯出窖率比常规窖储提高50%左右。具体做法如下。

### 1.建好甘薯窖

建筑一个长2.3米、宽2米、高2.3米的甘薯窖，可储存3 500千克甘薯。窖四周墙壁的上、下部，分别开设有等距离的碗口大的7个通风孔，离开墙壁竖立一排竹竿，围捆成架，在竹架的里侧遮竹笆，竹笆的高度不超过墙壁上部的通风孔。窖内地面上，等距离放置两行石条（或砖块），石条（或砖块）上，先铺竹竿，后盖竹笆。在竹笆中部，竖立一个直径约为25厘米的竹编圆柱形通气筒，气筒的高度接近墙壁上部通风孔。

### 2.选甘薯入窖

窖储甘薯要进行选择，病害甘薯和锄口损伤不能入窖。甘薯入窖时要轻拿轻放，储量不能太满，避免甘薯接触墙壁和地面，以利保温透气，防止霉烂。窖内顶上装上沼气灯，窖内甘薯堆中要安放1～2支温度计，以便观察温度变化。

### 3. 沼气灯保温

窖储甘薯，最适宜的温度是9～10℃，如果甘薯窖内温度下降，就要点燃窖内的沼气灯。如果温度下降到5℃时，就要立即将墙上的通风孔全部堵塞，用沼气灯升温，直到窖内温度达到9℃时才关掉沼气灯。如果窖内温度超过10℃时，就要打开通风孔。总之，要经常将窖内的温度保持在9～10℃。

## （七）沼气烘干粮食作物及升温育秧等

### 1. 沼气烘干玉米

目前，我国农村的粮食干燥主要靠日晒，收获后如果遇到连日阴雨天气，往往造成霉烂。利用沼气烘干粮食，就可有效地解决这个问题。

（1）烘干办法。四川农民的做法是：用竹子编织一个凹形烘笼，取5～6块火砖围成一个圆圈，作烘笼的座台。把沼气炉具放在座台正中，用一个铁皮盒倒扣在炉具上，铁皮盒离炉具火焰2～3厘米。然后把烘笼放在座台上，将湿玉米倒进烘笼内，点燃沼气炉，利用铁盒的辐射热烘笼内的玉米。烘一小时后，把玉米倒出来摊晾，以加快水蒸气散发。在摊晾第一笼玉米时，接着烘第二笼玉米，摊晾第二笼玉米时，又回过来烘第一笼玉米。每笼玉米反复烘两次，就能基本烘干，储存不会生芽、霉烂；烘三次，可以粉碎磨面；烘四次，干度达标。从现象观察，烘第一笼玉米时，烘笼冒出大量的水蒸气，烘笼外壁水珠直滴；烘第二次时，水蒸气减少，烘笼外壁已不滴水，但较湿润；烘第三次时，水蒸气微少，烘笼外壁略有湿润；烘第四次时，水蒸气全无，烘笼外壁干燥，手翻动玉米时，发出干燥声。

（2）注意问题如下。

①烘笼底部的突出部分不能编得太矮，否则烘笼上部玉米、花生或豆类等堆得太厚，不易烘干。

②编织烘笼宜采用半干半湿的竹子，不宜用刚砍下的湿竹子。湿篾条编制的烘笼，烘干后缝隙扩大，玉米、豆类容易漏掉。

③准备留作种子用的玉米、花生、豆类等，不宜采用这种强制快速烘干法。

## 2. 沼气升温育秧

温室育秧是解决水稻提早栽插，促进水稻早熟高产的一项技术措施。目前，大多数温室都采用煤炭或薪柴作为升温的燃料，从而导致育秧成本较高。利用沼气作为育秧温室的升温燃料，具有设备简单、操作方便、成本低廉、易于控温、不烂种、发芽快、出苗整齐、成秧率高、易于推广等优点，是沼气综合利用的一项实用新技术。

具体做法如下。

（1）修建育秧棚，砌筑沼气灶。选择背风向阳的地方，用竹子和塑料薄膜搭成育秧棚。棚内用竹子或木条做成秧架，底层距离地面30厘米，其余各层秧架间隔均为20厘米。在架上放置用竹笆或苇席做成的秧床。在棚内一侧的地面上，砌筑一个简易沼气灶，灶膛两侧的中上部位，分别安装一根打通了节的竹管，从灶内伸出棚外，以排出沼气燃烧时的废气。灶内放一沼气炉，灶上放一口锅。在秧棚另一侧的塑料薄膜上开一小窗口，以便用喷雾器从窗口向秧床上喷水保湿。小窗用时揭开，不用时关闭。

（2）浸种、催芽。培育早稻秧苗，最好先用沼液浸种。沼液浸种，一方面能增加种子的营养，促使其胚根、胚茎组织内的淀粉酶活化，提高发芽力；另一方面也可以增强种子的抗逆性，减少病害。浸种的方法：将经过精选的谷种用塑料编织袋装好，放入正常使用的沼气池出料间浸泡一定时间，取出后洗净。浸种后再用常规方法催芽。待种子均匀破口露白后，按每平方米秧床1.36~2.27千克的播种量，将谷种均匀撒播在秧床上。谷种和秧床之间，铺两层浸湿的草纸（不能用报纸和有光纸）隔开，以利保湿透气。

（3）加强管理。把已播上谷种的秧床放到秧架上，在秧棚内的两端各挂一支温度计，然后将塑料薄膜与地面接触的边沿用泥沙土压实。向锅内倒满热水，点燃沼气炉，关闭小窗口。出苗期要求控制较高的温度和湿度以保出苗整齐。第一天，育秧棚内温度保持在35~38℃。第二天保持在32~35℃，每隔一段时间，向谷种上喷洒20~25℃的温水，并调换上、下秧笆的位置，使其受热均匀。还要随时注意向锅内添加开水，以防烧干。经过35~40小时，秧针可达2.7~3厘米，初生根开始盘结。第三天保持在30~32℃，湿度以秧苗叶尖挂露水而根部草纸上不渍水为宜。第四天保持在27~29℃。第五天后保持在24~26℃。当秧苗发育到2叶1心时，就可移出秧棚，栽入秧田进行寄秧。

3. 其他形式的育秧棚

（1）移动式小型育秧棚。移动式小型育秧棚是坐落在两条长木凳上的沼气育秧棚。它适用于谷种用量少的农户，其制作方法和沼气育秧棚相同。根据谷种播种量的多少设计秧棚，在秧棚中部的对角两端各挂一支温度计。在两条长木凳上，铺一层略大于秧棚底面积的厚型包装箱纸板，在纸板中部剪一圆孔，孔径大小以能放入一个铝锅为宜。纸板上面平铺一层塑料薄膜，以免纸板因浸水变软。在孔中放一口铝锅，锅底与沼气炉的支角相接触。在锅上加盖，盖与锅之间留一空隙，以利水蒸气和热量均匀扩散。在纸板留孔正对上方的塑料薄膜上开一小窗，以便向锅内添加开水和调换上、下秧箔位置。由于整个秧棚坐落在两条长木凳上，白天气温高时，把秧棚抬出屋外晒太阳增温，傍晚把秧棚抬进屋内，用沼气升温。

（2）双层塑料薄膜育秧棚。双层塑料薄膜育秧棚是在沼气育秧棚外面再加一层塑料薄膜。两层薄膜之间相距0.4米，以便利用其间的热空气给秧棚保温。内层秧棚的制作方法和育秧技术要求与前面介绍的基本相同，所不同的只是在秧棚正中一侧的地面上砌筑一个简易沼气灶，灶上安放一口铝锅，锅口与地面成水平，锅沿与灶沿吻合，灶内放入一沼气炉，沼气灶口位于秧棚之外，以便使沼气燃烧时产生的废气不进入秧棚内。采用双层薄膜育秧，不仅育秧初期升温快，而且对稳定夜间育秧棚温具有良好的效果，同时比单层薄膜育秧棚节省沼气20%～30%。

## 三、沼气非热利用技术

### （一）沼气储粮

沼气是单纯的窒息性气体，沼气储粮能使储粮装置内的氧气降低，使害虫因缺氧而窒息死亡。利用沼气储粮具有不污染粮食、不影响品质、效果好、储存期长等特点。

沼气储粮方法简便、投资少、无污染、防治效果好，既可被广大农户采用，又可在中、小型粮仓中应用。

### 1. 农户坛罐储粮

由于我国农村推行家庭联产承包责任制，由过去集体、国家储粮而改为家庭、国家储粮，因而会储粮、储好粮就变得重要起来。沼气储粮以其简便易行的优点，成为农户储粮的首选方案。

（1）建仓。农户可以大缸作为沼气储粮工具，也可新建 $1 \sim 4$ 米$^3$ 的小仓，要求密闭保气。

（2）布置沼气扩散管。为使沼气能在谷仓内迅速、均匀扩散，需根据仓的容积制作沼气扩散管，其方法是：缸用管可用沼气输气管烧结一端，然后用烧红的大头针刺小孔若干，置于缸底。仓式储粮则需制作"十"字形、"丰"字形沼气扩散管置于仓底，各支管上刺孔若干，以便迅速充满沼气。

（3）装粮密封。将需除虫的粮食装入缸中，装好沼气进、出气管，塑膜密封。

（4）输入沼气。向缸内输入沼气，一般每立方米粮食需输入沼气1.5米$^3$，才能使仓内氧气含量由20%下降到5%以下，达到杀灭害虫的要求。简易检验办法是将沼气输出管接上沼气灶，以能点燃沼气灶为止。

（5）密封4天后，再输入一次沼气。以后每15天输入一次即可。

### 2. 粮库储粮

粮库储粮数量很大，关键是有足够的沼气量和密闭的系统。

清扫粮仓，常规药品消毒，在粮堆底部设置"十"字形、中上部设置"丰"字形沼气扩散管，扩散管要达到粮堆边沿。扩散管用口径10毫米的塑料管作主管，6毫米的塑料管作支管，每隔30厘米钻一个气孔，扩散管与沼气池相通，其间设有开关，粮堆周围和表面用0.1～0.2毫米厚的塑料薄膜密封，安好1～2道测温、测湿线路，在粮堆顶部的薄膜上安设一根小管作为排气管，并与氧气测定仪相连。

在检查完整个系统，确定不漏气后方可通入沼气。在系统中设有二氧化碳、氧气测定仪的情况下，可用排出气体中二氧化碳和氧气浓度来控制沼气通入量。当粮库中二氧化碳达到20%以上、氧气含量降到5%以下时，停止输入沼气，并密闭整个系统。以后每隔15天输一次沼气，输入量仍按上述气体浓度控制。在无气体成分测定仪的情况下，可在开始阶段连续4天输入沼气，按每立方米粮食输入1.5米³沼气计量。以后每隔15天输一次沼气，输入量仍按每立方米粮食输入1.5米³沼气计量。

## （二）沼气保鲜蔬菜水果

沼气之所以能保鲜蔬菜水果，是因为沼气能降低氧气的浓度，减缓了果蔬的呼吸作用，抑制某些微生物的生长。同时，沼气中的二氧化碳对抑制果蔬的呼吸强度，减少呼吸对底物的消耗，以及延长果蔬的储存寿命等均有着积极的作用。另外，在低氧高二氧化碳的情况下，能使水果减少乙烯的产生，从而促进储存期的延长。

### 1. 沼气储存保鲜水果的场所

应选在避风、清洁、温度相对稳定、昼夜温差变化不大的地方。

储存室可根据储存果量的多少及储存周期的长短来设计建造。容器式和薄膜罩式具有投资少、设备简单、操作方便等优点，但在储存过程中，环境条件变化较大，且储存量小，适合家庭和短期储存。土窖式和储存室式虽然土建投资较大、密闭技术要求高，但储存容量大、使用周期长、受外界干扰小，适合集体、专业户和长期储存采用。

利用沼气保鲜水果，从规模上可大可小，村镇能办，一家一户也能办。从技术要领上讲，要让储存室、沼气池的容积相匹配，以确保保鲜所用沼气。在建储存室的时候，要考虑到储存室的通风换气和降温工作。除认真选果外，还要做好预冷散热和储存室、工具的杀菌消毒。

### 2. 沼气储柑橘

沼气储柑橘是利用沼气的非氧成分含量高的特性，置换出储存室内的空气，使氧含量降低，柑橘呼吸强度降低，减弱其新陈代谢，推迟后熟期，同时使柑橘产乙烯作用减弱，从而达到较长时间的保鲜和储存。

沼气储柑橘采用较为先进的气调法保鲜，可以抑制水果的后熟过程及水果老化，防止仓储病虫害的发生。据日本储存试验，在延长储存期2~3个月的同时，保持了水果的质量和营养价值。而且方法简便，设备投资小，经济效益高。

沼气储柑橘的技术要点如下。

（1）储存场所。储存室要求密闭性能好，其大小视储果量而定。储存室必须设有观察窗，从窗玻璃可观察室内的水银温度计和相对湿度计。储存室在使用前必须清理打扫干净，可用4%漂白粉溶液在室内喷洒，或用50%多菌灵粉剂喷洒，也用40%福尔马林以1：40的水溶液喷洒，进行消毒处理，并通风2~3天进行干燥，同时将干净无毒稻草用2%石灰水浸泡6~8小时晾干后作垫果用。储存库应建在距沼气池30米以内，并以地下式和半地下式为好，全室能够不透气。储库面积一般10~15米²，容积25米³左右，两边设储架4层，一次可储果3 000~5 000千克，顶部留有60厘米×60厘米的天窗，便于通气调节和进出管理。

（2）采果。待柑橘成熟度达到80%~90%时，选晴天，露水干了以后采摘。凡下雨、下雪、打霜不能采果，否则，会引起病原微生物侵染，造成腐烂。采摘时要用果剪，果蒂要平，采果人员要剪光指甲，不能喝酒，轻拿轻放，采下的果实应避免太阳照射，运输时不要剧烈震动，有皮伤者务必选出，不要进入储存柜，当天采果要当天入库，采果时的果内糖酸比为5∶1以上，固酸比6.5∶1以上，这种果实用沼气储存保鲜后，色、香、味均很好。

（3）装果、预储。选择无损伤、无病虫害、大小均匀的果子装筐或装纸箱，放于干燥、阴凉、通风处预储后再入库，这是保证烂果少的有效方法。初采的果实刚脱离母体，正常生理受到影响，加上果实新鲜，呼吸作用和蒸腾作用都较旺盛，同时也免不了会有一些新伤的果实。加之果实从树上摘下后会带有大量的"田间热"，这种热量应在入库前的预储中释放出来，让果实温度逐渐降低。如将"田间热"带到储库内散发出来，会使库温升高，对储存不利。因此，入库前在通风处对柑橘进行2~3天的预储，使轻微的伤口愈合，使果皮内的水分蒸发掉部分，让果皮软化，减少入库时损伤。

（4）入库输气。装果入库后，除留好的排气孔、观察孔外，门与门框之间的门缝用胶带纸或胶皮密封。入库一周后输入经脱硫处理的沼气。由于柑橘对储存环境气体改变很敏感，在柑橘入库储存前期，输气量可少些。当气温增高时，柑橘呼吸作用加强，可适当加大沼气输入量。受当地温度、湿度不一样的影响，输入沼气量和输入沼气间隔时间视具体情况而定。一般每天沼气通气量为每立方米容积10～30升，10天以后，沼气量逐渐加大到140升，使储存室内的氧气含量在17%左右（可用测氧仪测得）。此时，储存室内沼气浓度适中，烂果率低。

（5）日常管理。在储存期的前2个月内，应每隔10天翻动果实1次，且顺便进行换气。翻动时，及时检查储存状态，挑出腐烂和有伤的果实。以后每隔半月翻动1次，顺便换气半天，以免果实因长期缺氧而"闷死"。低温季节宜在中午换气，高温季节宜在夜间换气。定期用2%石灰水对储存室进行消毒。

## 四、沼气与大棚种植技术

沼气在蔬菜大棚中的应用有两个方面，一是燃烧沼气为大棚保温和增温，二是将沼气燃烧产生的二氧化碳作为气肥促进蔬菜生长。

### （一）沼气为蔬菜大棚增温和保温

燃烧一立方米的沼气可以释放大约23 000千焦热量，每立方米空气温度升高1℃约需要1千焦的热量。以大棚长20米、宽7米、高1.5米为例，其容积为210米$^3$。将这个大棚温度提升10℃，理论上需要沼气为210×1×10÷23 000≈0.1米$^3$，由于大棚保温性能不高，大部分热量散失很快。通常大棚内每10米$^2$安装一盏沼气灯，或每50米$^2$安放一个沼气灶。沼气灯往往一直点着，不断散热，沼气灶则在较快提高温度时使用。用沼气灶加温时，在灶上烧开水，利用水蒸气加温。用沼气灶加温，升温快，二氧化碳供应量大。

一盏沼气灯，一夜约耗沼气0.2米$^3$，夜间点三盏，可增加约1 300光通量。使用沼气灯不仅可以节省沼气，而且可以增加光照。沼气灯可增加夜间光合作用的效率，提高产量，同时节约一部分电费。这种温室栽培黄瓜可增产36%～69%，菜豆可增产67%～82%，番茄可增产92%。因此在种植蔬菜的塑料大棚内点燃一定时间、一定数量的沼气灯，因棚内二氧化碳浓度和空气温度升高，可有效促使蔬菜增产。

## （二）沼气为蔬菜大棚增施二氧化碳气肥

作物生长需要一定的二氧化碳气肥，而空气中二氧化碳含量为300毫克/千克，根据光合作用的原理，植物光合作用二氧化碳最适浓度为1 000毫克/千克，即是大气中二氧化碳浓度的3倍多。日光温室里作物在光合作用旺盛期只有300毫克/千克的二氧化碳，这远远满足不了作物生长的需要。近年来，国内外均把增施二氧化碳气肥作为提高蔬菜大棚产量的主要手段。

增施气肥时要控制好大棚内的二氧化碳浓度、温度、湿度三者的大小。

在栽培黄瓜和番茄的塑料大棚内，日出时在大棚内燃烧沼气，二氧化碳浓度控制在1 100～1 300毫克/千克较合适，温度控制在28℃，不超过30℃，相对湿度控制在50%～60%，夜间要高一些，但不得超过90%。若棚内温度超过32℃，则要开棚通风换气。当棚外大气温度上升到30～35℃时，则棚内应立即停止燃烧沼气。

人工施用二氧化碳的浓度应根据蔬菜种类、光照强度和室内温度情况来定。一般在弱光低温和叶面积系数小时，采用较低的浓度；而在强光高温和叶面积系数较大时，宜采用较高浓度。不同的蔬菜适宜不同的二氧化碳浓度，蔬菜种类不同，所处生育期不同，肥水条件、环境条件不同，所需空气中二氧化碳浓度也不同。苗期所需二氧化碳浓度较低，生长期则较高。

### （三）沼气应用于大棚蔬菜种植的技术要点

（1）塑料大棚内每10米$^2$安装一盏沼气灯，或每50米$^2$安放一个沼气炉（采用沼气红外线炉更好）。使用沼气灯可以节省沼气，同时还有利于增加光照；使用沼气炉，在炉上烧开水，利用蒸汽加热，升温快，二氧化碳浓度高。

（2）控制好二氧化碳浓度、温度和湿度。二氧化碳浓度应控制在1 100～1 300毫克/千克为宜；温度应控制在28℃左右，最高不宜超过30℃；相对湿度控制在50%～60%，夜间可适当高一些，但不宜超过90%。

（3）大多数蔬菜的光合作用强度在9:00左右最强，因此增加二氧化碳浓度最好在8:00前进行。沼气点燃时间过长时棚内温度过高，对蔬菜生长不利，应及时通风换气。

（4）增加二氧化碳浓度后，蔬菜光合作用加强，水肥管理必须及时跟上，这样才能取得很好的增产效果。用沼液作追肥，不仅增产效果显著，而且还能减少病虫害的发生。

（5）要防止有毒气体对作物的危害，沼气中含有约万分之一的硫化氢随沼气燃烧后生成二氧化硫。当温室中二氧化硫的浓度达到200毫克/千克，植株就会出现受害症状。

# 第五节　沼气发酵残留物综合利用

沼气发酵残留物是经沼气发酵后的有机残渣和废液的统称，包括沼液、沼渣。由于沼气发酵残留物主要用作肥料，故又俗称沼肥。沼渣和沼液中含有丰富的营养物质和生物活性物质，不但可作为缓速兼备的肥料和土壤改良剂，而且还可以作为病虫害防治剂、浸种剂、饲料等，用于养殖、种植、园艺等方面。在种植业中，沼肥可以作为肥料和土壤改良剂，沼液可用于防治作物病虫害和浸种。在养殖业中，添加沼渣和沼液可以养殖猪、鱼、蚯蚓、土鳖虫等。在副业的生产中，沼渣和沼液是理想的食用菌栽培料。

## 一、沼液浸种

利用沼液浸种，是近年来开发和逐渐形成的一项农村实用新技术。以往一般采用清水浸种，为了防治病害，有时也在清水中加入少量的农药。近几年来，许多地方采用沼液浸种，发现沼液浸种比温汤浸种和药物浸种有优势，可以提高种子的发芽率、成秧率和秧苗的质量，增强秧苗抗寒、抗病、抗逆能力，并且最终能增加产量。沼液浸种的主要原因在于沼液中含有大量的腐植酸、各种维生素、氨基酸和多种植物激素等，易被种子吸收，同时沼液具有抑菌和杀菌功效等。

### （一）浸种方法

#### 1.装袋

选择透气性好的布袋或编织袋，将晒好的种子装入袋内扎紧，装种量根据袋子大小决定。因种子吸水后会膨胀，所以，一般要预留一定的空间。预留空间的大小因种子的种类不同而不同，有壳种子留1/3空间，无壳种子应留1/2或2/3的空间。

2.浸种

在水压间出料口上横一根竹棒或木棍，将绳子一端系在棍子中部，将装有种子的袋子吊在水压间中部料液中，并被淹没。如果浸种的沼液需要用清水稀释，可以改在容器中浸种。

3.浸种时间

根据品种和水压间沼液温度的不同决定。有壳种子一般浸种24～72小时，无壳种子一般浸种2～24小时。沼液温度低时，浸种时间稍长；温度高时，浸种时间则相应缩短。我国农村户用沼气池普遍是常温发酵，在环境气温变化不大时，池内料液温度较为恒定。春末夏初大春作物浸种时，沼气发酵池出料间内沼液温度为15℃左右，此时浸种时间可稍长；夏末秋初小春作物浸时，沼气发酵池出料间内沼液温度为18℃左右，此时浸种时间可适当缩短。一般以种子吸饱水为度，最低吸水量以23%为宜。

4.清洗

提出种子袋，自然淋干沼液后，把种子取出，用清水洗净，沥去水分，摊开晾干，然后播种。需要催芽的，可按常规方法催芽后播种。

（二）几种农作物种子的浸种技术

1.浸水稻种

1）浸早稻种

早稻种先用沼液浸种24小时，再换成清水浸24小时；也可将3/4沼液与1/4清水配合成混合液用容器浸种48小时。对一些抗寒性较强的品种，浸种时间适当延长，可先用沼液浸种36小时或48小时后，再用清水浸24小时。对于抗寒性较差的品种，沼液用清水稀释一倍后再用。若与药剂消毒配合进行，要先用沼液浸种24小时，洗净后用强氯精液（1/500）浸泡12小时，洗净后再用清水浸泡12小时。

早稻杂交品种，由于其呼吸强度较大，一定要采用间歇法浸种：先用沼液浸14小时后提起，用清水洗净沥干晾6小时；再用沼液浸14小时，洗净晾6小时；最后用沼液浸14小时后将种袋取出，用清水洗净晾干。俗称"三浸三晾"，直到浸够36～48小时为止。

2）浸晚稻种

常规品种用沼气发酵液浸种24小时，采用间歇法，先用沼液浸6小时，洗净后用清水浸6小时，然后再浸沼液6小时，洗净后又浸清水6小时。杂交品种用沼气发酵液浸种12小时，清水浸种12小时；也可采用"三浸三晾"间歇法，总的浸种时间不少于24小时。

3）浸种的效果

发芽率比清水浸种高5%～10%；秧苗抗逆性增强，成秧率提高20%左右；秧苗白根多，粗壮，叶色深绿，移栽后返青快，分蘖早，生长旺盛；在同等栽培管理条件下，产量提高5%～10%。

## 2. 浸小麦种

在播种的前一天浸种，将晒过的麦种装袋后在沼液中浸泡12小时，取出种袋，用清水洗净，沥干，然后把种子取出摊在席子上，待种子表面水分晾干后即可播种。如果要催芽，可以

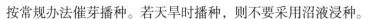

按常规办法催芽播种。若天旱时播种，则不要采用沼液浸种。

沼液浸种后发芽率比清水浸种高3%左右；促进根芽的生长，根的数量和长度都有增加；在同等地力、同样播种条件下，麦种出苗早，芽壮而齐，播种后较清水浸种和干种直播生长快；在同等栽培管理下，比清水浸种产量提高7%左右，比药剂（多菌灵）拌种干种直播增产10%左右。

3. 浸玉米种

将晒过的玉米种装入塑料编织袋（只能装半袋）内，用绳子吊入出料间料液的中部，并拽一下袋子的底部，使种子均匀松散于袋内，浸泡12～24小时后取出，用清水洗净，沥干水分，即可播种。沼液浸种后，与干种直播相比，发芽齐、出苗早、苗的长势壮、双棒率高，比干种直播增产10%～18%。

4. 浸棉花种

1）浸种方法

将晒过1～2天的棉花种装入袋（只能装半袋）内，用绳子吊入水压间料液的中部，在种袋内放入石块等以防漂浮，浸泡72小时后取出，清洗，沥干水分后即可播种。或者浸泡24～48小时，用草木灰拌和并反复轻搓成黄豆状即可用于播种。棉花种子表面有绒毛，会阻挡沼液浸入种子，因此，在浸时，要用棍棒每天搅动棉花种子3～5次，加速沼液进入棉花种子的内部。方法为：把袋口解开，仍使种子浸在沼液中，将棍棒伸入袋内搅动即可。

2）浸种的效果

发芽早、出苗齐、抗病力强、播种后生长快。

3）注意事项

播种期间若遇阴雨，土壤含水量高，播种后易出现烂种现象。因此，浸种前应先掌握天气情况和墒情。

### 5. 浸烟草种

将烟草种装入透水性较好的粗布袋内，每袋装烟草种50～200克，最多装500克，然后扎紧袋口，放入沼液中浸泡3小时后取出，用清水洗净，轻搓几分钟，晾干，12～24小时后播种。浸种后，种子发芽早、出芽齐、抗病力强，幼苗生长旺盛，种叶绒白肥厚。

### 6. 浸油菜种

**1）苗床准备**

根据油菜种重量多少，整理好肥苗床，开好田内外沟，并将苗床整平整细，有条件可备些草木灰作盖种用。

**2）浸种方法**

先晒一下油菜种和除去沼气池水压间液面表层的漂浮物。从水压间内取出新鲜沼液，放在一个容器内，把要浸泡的油菜种倒入沼液中，以淹没油菜种为准，再用木棒搅动几下，捞出浮在沼液表面的种子，让沉在沼液下面的油菜种浸泡。过10～12小时，油菜种开始发胖便立即取出，用草木灰与湿油菜种拌匀，以颗粒分散为宜，有利撒播。播种后，用扫帚在苗床上轻轻地扫一遍，使种子落入土壤空隙中，有条件的可撒一层草木灰盖种，以保持水分，有利齐苗。

**3）注意事项**

①沼液浸泡油菜种，时间最好不要超过12小时，以防油菜种在沼液中破口露芽，造成烂芽现象。

②播种后，如遇天旱，必须在苗床上泼洒一遍水，以防吸足水分的油菜种被烤干，影响齐苗。

（三）沼液浸种注意事项

（1）浸种时间不能太长，如果时间过长，会使种子水解过度，影响发芽率。

（2）种子浸泡后，一定要沥干，再用清水洗净，晾干种子表面水分，才可催芽或播种。

（3）清理出料间液面浮渣时，应注意安全。

（4）若在容器中浸种时，沼液应取自正常发酵产气沼气池出料间的中层沼液，并且随取随用，不宜久放。

（5）各地和各家各户的实际情况不相同，采用沼液浸种时，应先进行试验，在掌握方法后逐步扩大应用。

## 二、沼液用作肥料

### （一）沼液单独施用技术

沼液适宜作为追肥施用，通常可以进行叶面喷施、田间开沟施用或浇施，宜在各作物生长关键时期之前施用。对于常见作物和果树，施用沼液的方法和用量如下。

#### 1. 作物根外施肥的一般方法

进行喷施时，取原沼液（或者最多兑20%～30%的清水，搅拌均匀），静置10小时后，取出澄清液，用喷雾器喷洒叶面。进行根外施肥时，每公顷用量为1 200～1 500千克。

#### 2. 水稻

沼液作为水稻追肥或叶面喷施效果最好。施用沼液后，可以增强剑叶光合效率和对氮素的利用率及碳合成率，提高水稻的生活力和抗病能力，促进水稻早发，增蘖增穗，维持或提高水稻产量。

在对照的基础上增施沼液，作为底肥，每公顷约施沼液30 000千克；作为追肥，每公顷约施沼液37 500千克；作为叶面喷施肥，每公顷为1 050～1 500千克。

### 3. 小麦

在小麦的营养生长期和生殖生长期施用沼液都能增产，在分蘗期浇施增产效果最好。在对照的基础上增施沼液。作为底肥，每公顷施沼液30 000～37 500千克；作为追肥，每公顷施沼液30 000～60 000千克；作为叶面喷施肥，每公顷约1 125千克。

### 4. 玉米

以开沟增施沼液效果较好，玉米生长健壮，双棒率高，穗大，籽粒饱满。在对照的基础上增施沼液。开沟直接施用时，每公顷施沼液75 000千克；作为追肥，每公顷施沼液22 500～45 000千克。

### 5. 油菜

在对照的基础上增施沼液。作为底肥，每公顷约施沼液15 000千克；作为追肥，1 000千克沼液可折算12.5千克的尿素；作为叶面喷施肥，选择在油菜初花期和晴天，沼液用纱布过滤后，按1∶1兑清水后再喷施，每公顷约施750千克。

### 6. 棉花

在花铃期间隔10天左右喷施两次，每次每公顷沼液喷施量约为750千克。

### 7. 果树

进行根部施肥时，对于幼树应以树冠滴水为直径向外呈环向开沟，开沟深度一般为10～35厘米，宽度为20～30厘米，施肥后用土覆盖，此后每年施肥要错位开穴，并每年向外扩散，以增加根系吸收养分的范围。成龄树可呈辐射状开沟，并轮换错位，开沟不宜太深，不要损伤根系，施肥后覆土。

对于长势较差、树龄较长、坐果少等果树，采用喷施沼液的方法，效果较好。喷施时，沼液的用量以能够湿润树茎、枝、叶为宜。果树长势好、气温较高时，为了防止水分蒸发过快，不宜采用纯沼液，应加水稀释后喷施，用量可以比纯沼液的用量大，以枝叶开始滴水为宜。

### （二）沼液与化肥配合施用技术

沼液中养分含量较低，与化肥配合施用，能够取长补短，提高肥效。沼液与氨水、碳酸氢铵等氮肥配合使用，能促进氮肥在土壤中溶解、吸附和刺激作物吸收养分，减少氮素损失，提高利用率。通常配合使用方法如下。

（1）对于水稻和小麦，每公顷可以施37 500千克沼液和150千克碳酸氢铵。

（2）对于玉米，每公顷可以施37 500千克沼液和375千克碳酸氢铵。

（3）对于果树，为促进产果，沼液中可以加入0.05%~0.1%尿素作为喷施用。平时，沼液中加入0.2%~0.5%磷钾肥作为喷施用。

### 三、沼液防治病虫害

#### （一）沼气发酵液防治病虫害的机理

##### 1. 沼气发酵液中各种生物活性物质的作用

沼气发酵过程的多菌群共生作用和沼气发酵器的多功能性，使得沼气发酵液中含有许多生物活性物质——丰富的氨基酸、微量元素、多种植物生长刺激素、B族维生素、某些抗菌素等。丰富的营养成分促进了农作物的生长，从而导致农作物抗病虫害能力的增强。植物生长刺激素与抑制病虫害和诱导农作物的抗性增强有着密切的关系。沼气发酵液中的有机酸，特别是丁酸对病菌有一定的抑制作用。有关试验表明，大量的维生素$B_{12}$和植物激素，如赤霉素、吲哚乙酸对抑制病菌有明显的作用。沼气发酵液中较高浓度的氨氮含量或对病原菌和虫害有抑制和杀灭作用，某些抗菌素对防治农作物病虫害也有着直接的作用。

### 2. 沼气发酵液保护植物防御病虫害

沼气发酵过程对病原菌和虫卵的杀灭效果相当显著，沼气发酵液中已经检测不到这些菌类和虫卵，所以，沼气发酵液本身对植物病原菌和虫卵也具有一定的杀灭抑制功能。施用沼气发酵液作为肥料，就能有效地减少较大面积的农作物环境中病原菌和害虫的危害，并且对这些菌和虫的传播感染途径起到了阻塞作用。沼气发酵液的厌氧环境，具有杀灭和抑制病虫害的作用，避免了长期使用带来病虫害抗性问题的可能性。在施用沼气发酵液的土壤周围，确实会产生甲烷、乙烯等挥发性气体形成的厌氧微点保护圈。沼气发酵液中的胶质类物质，能在农作物的茎秆、枝叶等上形成一层胶类膜，从而防御病虫害对农作物的侵入。

### （二）沼气发酵液作为农药使用的前景

大量的实验表明，沼气发酵液对农作物的许多病虫害均能起到良好的杀灭和抑制作用，这种杀虫和抑制病原菌的作用与许多农药一致或相近，其作用机理可归为以下3个方面。

（1）直接抑制或杀灭作用。

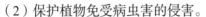

（2）保护植物免受病虫害的侵害。

（3）促进农作物生长，提高其抗逆、抗病虫害的能力。

从使用的角度来看，沼气发酵液既可作为肥料，同时又是一种广谱性的"生物农药"。从机理来看，不会带来抗性问题，也不会对环境造成类似化肥、农药的污染。随着研究和应用的不断深入，其潜在的功能还将不断被揭示，发展高产、稳产生态农业以及绿色食品都将发挥出积极的作用。

### （三）沼液防治病虫害的具体做法

#### 1. 对沼液的要求

浓度：一般沼液宜采用原液，即不稀释、不加水；气温较高时，为了避免水分的过快挥发，可适当添加少量水，其加水量不宜超过20%。

来源：沼液一定要取自正常产气3个月以上的沼气池出料间，取出的沼液应无明显的粪臭气味，为深褐色的液体，不含浮渣和沉渣。

随取随用：沼液防治农作物病虫害的机理现在并不十分清楚，其作用也相当复杂，但至少已经知道沼液中的生物活性成分、铵离子浓度以及厌氧或兼性厌氧菌都对抑制病菌和虫卵起着一定的作用。因此，取出的沼液应随取随用，以免活性成分分解、铵离子挥发以及厌氧或兼性厌氧微生物菌群等的抑制活性降低。

#### 2. 具体做法

取出沼液后可先用纱布过滤，然后装入喷雾器中，进行叶面、茎、秆喷施，用量以叶、茎、秆全部润湿为度；对于根部可浇施沼液或残留物。利用沼液防治病虫害，喷施沼液时应避开雨天，以免沼液随雨水流失，最好喷用沼液后两天内无大雨；若遇雨，雨后要补喷。若喷用沼液后，病虫害仍在活动，一两天后应再追喷。同时，利用沼液防治病虫害可与沼液叶面施肥相结合，既能起到肥料效果，又能防治农作物病虫害。

### 3. 沼液与农药配合防治

防治蚜虫：将0.05千克洗衣粉充分溶于0.5千克水中，取0.05千克洗衣粉水和0.002 5千克煤油倒入喷雾器中，再取过滤沼液14千克装入喷雾器充分搅拌后，即成为沼液复方治虫剂。

防治玉米螟幼虫：沼液与溴氰菊酯的配比为用沼液50千克，加2.5%溴氰菊酯乳油10毫升即可，使用时将喷雾器喷头下挥浇心施药。在防治时，当检查到玉米心叶反面的虫卵块孵化占总块数的50%，就是卵块孵化盛期，此时为防治最适期。

沼液加杀虫脒的杀虫效果：沼液和杀虫脒按一定浓度配合后，对红蜘蛛的杀灭效果比沼液和杀虫脒分别单独使用的效果好，其中以杀虫脒在沼液中的浓度为万分之一时效果最佳。

## 四、沼气发酵残留物作饲料

### （一）对用作饲料沼气发酵残留物的要求

用作饲料的沼气发酵残留物应取自正常发酵产气的沼气池，并必须在大换料正常用气后1～2个月以后取用。

严禁把被污染的原料投入沼气池。

单一的沼液或沼渣不及沼气发酵残留物的营养全面，因此，最好全价利用残留物。

### （二）喂养方式

利用沼液喂养时，可用沼液代替水进行拌料使用；使用残留物喂养时，可直接添加，亦可风干粉碎后，按有关动物的营养标准配合到饲料中进行喂养。

饲喂开始时，沼气发酵残留物的用量可少一点，待动物适应后，再逐渐增加比例，最后达到最佳配比。

### （三）沼气发酵残留物的用量

对畜禽的要求：猪体重20千克以上为宜，用量10%～20%；鸡3周龄以上为宜，用量5%～10%；兔1月龄以上为宜，用量10%～15%；羊体重30千克以上为宜，用量20%左右；牛体重50千克以上为宜，用量20%～30%。

池塘养鱼的要求：对生长期没有特别的要求，投放量依池塘的水质而定，一般施用量为每亩（1亩≈667米$^2$，全书同）水面300～500千克。在施用过程中可依据水色透明度的变化来调整用量和次数，春季水色透明度不应低于20厘米，夏季水色透明度为20厘米以下，秋末以25厘米为宜。施用选择在晴天的中午进行。

稻田养鱼要求：开沟要求与常规稻田养鱼相同。沼气发酵残留物的用量一般为每亩水面750～1 500千克，以水呈茶褐色、水色透明度为20厘米为宜。以后每隔5～7天追施一次沼气发酵残留物，每次用量为每亩200～350千克，施用时间以7：00—8：00进行为好。

### （四）其他养殖技术要点

蚯蚓的饵料配比：沼气发酵残留物70%+烂碎草20%+树叶、烂瓜、果皮等10%（不能使用有毒植物的树叶），上述物料拌和后，上床堆放厚度为20～25厘米。

养殖黄鳝技术：将沼气发酵残留物和稀泥各占一半混合好

后，均匀地铺洒在黄鳝池内，厚度0.50~0.75厘米，作为黄鳝的基本饲料和活动场所。料铺好后，即可放水入池。放水深度随季节而定，春季水深一般为15~20厘米，夏季为60~70厘米，秋季为30厘米，冬季为15~20厘米。在冬季，池表面可覆盖一层稻草以保温。放养时间以4—5月为宜。

养殖土鳖虫技术：将经沼气发酵45天以后的沼气发酵残留物从沼气池水压间中取出，自然风干，按残留物60%+烂碎草、树叶10%+瓜果皮、菜叶10%+细砂土20%混合拌匀后，即成培养料。

## 五、沼气发酵残留物栽培食用菌的方法

### （一）沼气发酵残留物的选取

沼气发酵残留物应取自正常产气的沼气池，投料后的滞留物应在3个月左右，取出的残留物无粪臭味。

### （二）栽培料的配制

栽培料通常遵循碳氮比为30：1的原则进行配制。一般为5 000千克沼气发酵残留物，加750千克麦秆草、7.5千克棉籽皮、30千克石膏、12千克石灰，视情况还可适当加入磷肥。为了便于沼气发酵残留物的随时利用，也可以先把残留物晒干、捣碎、过筛后备用。使用时，按干残留物：秸秆=1：0.5的比例使用。

### （三）栽培料的堆制和腐熟

一般100米²需堆制培养料195.84米³左右。料堆可堆制成长8.3米、宽2.3米、高1.5米的长方体，顶部呈龟背形。培养料堆

好后要进行3次、最多4次翻料。每次翻的间隔时间为：第一次翻料为6～7天，第二次翻料为5～6天，第三次为4～5天，第四次为4天。堆料时间不宜过长，否则栽培料腐熟过度，导致养分损失。若采用干沼气发酵残留物堆料时，秸秆铡成0.33米长短的节，并用沼水浸透发胀，铺成厚度170毫米后均匀撒一层33毫米厚的干残留物。如此连铺三层，向料堆均匀泼洒沼水至料堆充分吸湿为宜。此后，再按此程序铺第四、第五、第六、第七层。干沼气发酵残留物：秸秆：沼水=2：1：2.4。料堆周围要挖沟：深16.7厘米、宽13.6厘米。堆料时间在7月20日至8月5日为宜。当料堆的中央温度达70℃（一般为7天左右）时，进行第一次翻堆，同时加入1%～1.2%碳酸氢铵、1%钙镁磷肥、2%～2.5%油枯粉、1%左右的石膏粉和适当化肥。此后堆沤5～6天堆料温度达70℃时，第二次翻堆，并用1%甲醛溶液进行料堆消毒处理。如料堆变干，可适当泼洒沼水，湿度以手捏滴水为宜。如料堆变酸，可适当添加石灰水；偏碱则加沼水，使其pH值保持在7～7.5。继续堆沤4～5天后，进行第三次翻堆，即可移入菌床。

### （四）菇床和菇房

食用菌是一类好气性腐生真菌，需要充足的氧气。培养温度可根据不同的食用菌进行选择，食用菌对光线要求不太严格，在散光和无光条件下都能生长。菇床大小依具体条件而定。

增减料上床、厚度、播种、覆土及前后温度、湿度、通气的管理要求，均与常规料栽培一致。

## 第六节　沼气与生态模式

### 一、北方"四位一体"沼气生态温室模式

北方"四位一体"沼气生态温室模式的主要配套设施由温室、厕所、畜禽舍和地下沼气池组成（图7-12）。这是一种资源高效利用、综合效益明显的生态农业模式。运用本模式冬季北方地区室内外温差可达30℃以上，温室内的喜温果蔬正常生长、畜禽饲养、沼气发酵安全可靠。

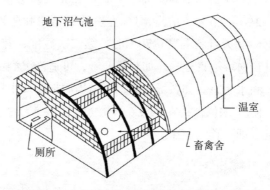

图7-12　北方"四位一体"沼气生态温室模式

北方"四位一体"沼气生态温室模式是利用生态学的原理，一次性投资较多的项目，全面考虑，统筹安排，结构先进合理，即整体效应原理。模式以资源综合利用为出发点，发展商品经济，使农户单体模式构筑成大规模，汇集成更大的商品量，以便与市场接轨，即生物种群相生互克原理。模式因地制宜发展农业和农村经济，趋利避害，不断推动模式的发展，

即生态位原理。模式建设配套化，生产综合化，挖掘生产潜力，开发和节约各种资源，多层次利用，良性循环，即食物链原理。

在北方"四位一体"沼气生态温室模式中，大棚或日光温室能够充分利用太阳能，提高棚室温度，促进蔬菜生产；猪圈建在棚内，棚温提高，有利于猪的生长，避免了低温导致猪生产力低的问题，同时又有利于猪粪的沼气发酵，一举多得。棚内点燃沼气灯或用沼气红外炉，不仅可以提高棚温，还可对蔬菜进行二氧化碳施肥。蔬菜光合作用放出氧气，可供猪呼吸，而猪呼出的二氧化碳，又可供蔬菜光合作用。沼液、沼肥是优质的有机肥，应用于蔬菜生产，既有肥效，又能杀灭病虫害，是发展绿色有机蔬菜的重要措施。这一模式的能源利用和物质循环如图7-13所示。

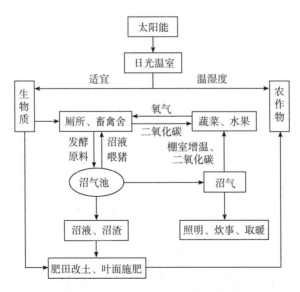

图 7-13　北方"四位一体"沼气生态温室模式的能源利用和物质循环

## 二、西北"五配套"生态果园模式

西北"五配套"生态果园模式是由厕所、太阳能暖圈、沼气池、水窖和果园滴灌系统5个要素有机结合而构成的生态系统（图7-14）。这一模式从西北地区的实际出发，依据生态学、经济学和系统工程学的原理，从有利于农业生态系统合理的物质循环和能量流出发，充分发挥系统内的生物系统与光、热、气、水、土等环境因素的作用，建立起生物种群互利共生、相互促进和协调发展的集能源、经济和生态为一体的良性循环发展系统。该系统以农户土地资源为基础，以太阳能为动力，以新型高效沼气池为纽带，形成以农带牧、以牧促沼、以沼促果、果牧结合、配套发展的良性循环体系。这一模式的建立，能高效率和合理地利用农业资源，引导农民创造农村良好的生态环境，促进农村经济的可持续发展。

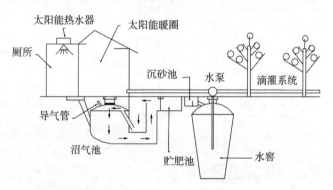

**图7-14 西北"五配套"生态果园模式**

西北"五配套"生态果园模式的构成为：5亩左右的成龄果园为基本生产单元，在果园或农户住宅前后配套建设一口8米$^3$的新型高效沼气池，建设一座12米$^2$的太阳能猪圈，安装一眼60米³的水窖及配套的集雨场，增设一套果园滴灌系统。这一模式的能源利用和物质循环如图7-15所示。这一模式实行鸡猪主体联养，圈厕池上下联体，种养沼有机结合，使生物种群互惠互利，物能良性循环，取得了省煤、省电、省劳、省钱、增肥、增效、增产、病虫减少、水土流失减少、净化环境的"四省、三增、两减少、一净化"的综合效益。

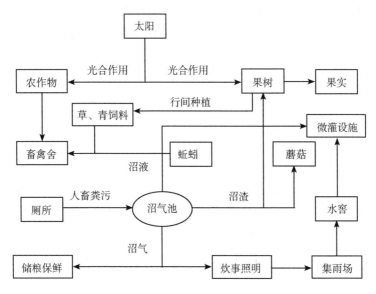

图 7-15　西北"五配套"生态果园模式能源利用和物质循环

## 三、南方"猪—沼—果"沼气能源生态模式

南方"猪—沼—果"沼气能源生态模式是指沼气发酵系统将养殖业和种植业有机地结合起来，发展可持续农业，促进农村经济的发展（图7-16）。这一模式的关键技术就是沼气及

其残留物的各种综合利用。在这一模式中，养殖业保证有机肥的供应，同时肥多气就充足，养殖业也得以发展。在南方"猪—沼—果"沼气能源生态模式中，沼气的综合利用可以得到充分的体现，沼液可以浸种（种植蔬菜时），沼液还可作叶面肥和防治病虫害，有利于发展有机果蔬；沼肥用于蔬菜和果树的基肥和追肥，肥效好，产品质量优；沼气可用于水果的保鲜，增加农户的收入。这一模式的能源利用和物质循环如图7-17所示。"猪—沼—果"沼气能源生态模式在南方地区应用广泛，成片发展较好的地区有广西恭城和江西赣南。

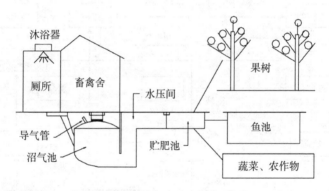

图 7-16　南方"猪—沼—果"沼气能源生态模式

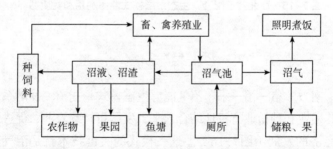

图 7-17　南方"猪—沼—果"沼气能源生态模式能源利用和物质循环

## 四、其他生态农业模式简介

（1）农村"五配套"沼气工程：沼气池与畜圈、厕所、太阳能热水器和洗澡间相配套。

（2）"五个一工程"：一个沼气池、一个畜圈、一个厕所、一个太阳能热水器、一亩果（菜）园。

（3）一个沼气池、一个节柴灶、一个卫生圈、一个厕所、一个太阳能热水器、一个小水池、一亩防护林、一亩经济林。

（4）沼气与农、渔业相结合：利用沼气发酵残留物作肥料、鱼饵料，利用沼气灯诱蛾喂鱼，沼气发电为鱼塘增氧，鱼塘底泥作农田肥料。

（5）沼气与农、副业结合：利用沼肥育菇，菇渣繁殖蚯蚓，蚯蚓喂鸡，鸡粪喂猪，猪粪入沼气池；或沼肥用于桑田，桑叶喂蚕，蚕砂喂猪，猪粪入沼气池。

（6）沼气与种植业和加工业结合：利用沼气带动动力加工粮食、饲料养禽畜，禽畜粪入沼气池，沼肥肥田。

（7）养猪→沼气→加工业→种植业。

（8）生猪→沼气→蔬菜→鱼→牧草→果木。

（9）生猪→沼气→菜（菇、林、草等）。

（10）沼液喂猪→猪粪入池→沼气→孵鸡→沼肥→养鱼、培育果树。

（11）养殖业→沼气→种植业。

（12）养殖业→沼气→农副产品加工业。

（13）养殖业→沼气→林果业。

（14）养殖业→沼气→种植业→村办工业。

（15）种植业→养殖业→沼气→畜产品加工业。

（16）种植业→食用菌→生猪→沼气。

（17）种植业→生猪→沼气→鱼。

（18）种植业→生猪→沼气→保鲜。

（19）奶牛→沼气→蔬菜→牧草。

（20）奶牛→沼气→蔬菜→牧草→鱼→鹅→林木。

一、秸秆打捆直燃集中供暖典型案例

（一）辽宁朝阳三江村秸秆打捆直燃集中供暖项目

该项目将原有燃煤锅炉替换为2台6蒸吨秸秆打捆直燃供暖锅炉，以秸秆捆为燃料，为农村社区、中心小学、镇政府、商户进行集中供暖，供暖面积9万米$^2$。实际运行情况：2019年运行以来，年消耗秸秆近7 000吨，解决了三江村周边15 000亩地秸秆处理难题。

综合效益情况：相比传统燃煤锅炉，供暖成本显著下降，年可替代标准煤3 500吨，减排二氧化碳8 700吨，实现了村镇居民冬季清洁供暖，减少了秸秆焚烧、随意丢弃等造成的环境污染。

案例特点：利用供暖期与秸秆收获期吻合的特点，将秸秆就近就地进行能源化利用，替代了燃煤，降低了供暖成本，探索了北方农村地区清洁取暖有效途径。

（二）山西长治上党区秸秆打捆直燃集中供暖项目

该项目建有5个生物质供热站，安装11台共54蒸吨秸秆打捆直燃供暖锅炉，为上党区2镇3乡7个村3 673户，以及学校、敬老院、超市、村委会等公用设施进行集中供暖，供暖面积42万米²。

实际运行情况：2018年建成运行，年利用秸秆5万吨，供暖期间农户室内温度不低于18℃。

综合效益情况：项目年可代替标准煤2.5万吨，减排二氧化碳6.2万吨，秸秆收储运和供热运行可提供500多个季节性就业岗位，相比用煤年可户均减少取暖支出3 000多元。

案例特点：该项目利用当地丰富的秸秆资源，克服了"煤改电""煤改气"气源紧张、基础设施不完善等瓶颈，实现了农村地区清洁取暖。

## 二、秸秆热解气化集中供暖典型案例

### （一）山西长治成家川村生物炭联产集中供热项目

该项目以农林废弃物为原料，采用"秸秆制气、余热锅炉换热、热水管道送暖"的技术路径，为农村居民和小学、村委会等公共单位供暖。实际运行情况：2019年建成运行以来，年消纳生物质原料5 500吨，生产生物炭600吨，供暖面积8.9万米²。

综合效益情况：项目采用秸秆热解气作为清洁能源集中供暖，年可替代标准煤2 750吨，减少二氧化碳排放6 700吨。通过供暖收入和生物炭销售收入，实现盈利并持续稳定运行。

案例特点：该项目将农林废弃转化为热解气、生物炭等高品质产品，解决了农村冬季清洁取暖问题，实现了农林废弃物能源化、资源化综合高效利用。

### 三、养殖场沼气发电上网典型案例

#### （一）江西新余养殖场沼气发电上网项目

该项目建有3 335米³厌氧发酵罐6座，以处理养猪场粪污为主，沼气发电上网，沼渣沼液用于生产固态有机肥和液态肥。

实际运行情况：2017年投产运行以来，年处理养殖场粪污20余万吨，沼气发电约1 000万千瓦·时，生产有机肥2万吨、沼液肥18万吨。

综合效益情况：项目实现渝水区143家养殖粪污的生态循环利用，通过粪污处理费、发电收益、有机肥销售收入等，实现预期投资效益。年产沼气可替代标准煤7 400吨，减排二氧化碳1.8万吨，沼肥利用可减少化肥施用1万吨。

案例特点：该项目采用第三方集中全量化处理，建立了按照粪污收集距离和干物质浓度付费处理机制，实现了养殖粪污的源头减量和沼气工程的持续稳定运行。

#### （二）河北武强奶牛场沼气发电上网项目

该项目建有6 000米³厌氧发酵罐4座，以处理奶牛场粪污为主，沼气发电上网，沼渣循环用于奶牛卧床垫料，沼液还田用于青贮饲料种植。

实际运行情况：2018年投产运行以来，年处理牛场粪污43.8万吨、挤奶厅废水及生活污水11万吨，年产沼气1 300万米³，沼气发电2 400万千瓦·时，生产牛卧床垫料6万米³、固态有机肥1万吨、沼液36万吨。

综合效益情况：该项目年产沼气可替代标准煤9 282吨，减排二氧化碳2.3万吨，实现了奶牛场粪污处理和饲料种植的种养生态循环，经济效益显著。

案例特点：该项目采用与奶牛场共建的模式，不仅有效解决了养殖场粪污和牛床垫料问题，还保证了沼气工程原料来源的稳定和沼渣沼液等副产品的持续消纳，实现了市场化持续稳定运行。

## 四、沼气工程集中供气典型案例

### （一）浙江瑞安绿野农庄生态消纳沼气项目

该项目采用"猪—沼—果"生态消纳产业模式，建有600米$^3$厌氧发酵罐1座，主要处理生猪养殖粪污，沼气用于养殖场发电自用和周边农户供气，沼渣沼液用于果园、农田。

实际运行情况：2015年投入运行以来，年产沼气6.57万米$^3$，为周边50户农户集中供气，其余沼气发电供养殖场保温及照明等生产生活用能。年产沼液1.09万吨，用于周边380亩果园灌溉施肥，其余沼液通过罐车外运进行异地消纳。年产沼渣493吨，用于作物种植。

综合效益情况：该工程可为养殖场年节省电费6万多元，为周边农户减少燃料支出7万多元，年产沼气可替代47吨标准煤，减排二氧化碳100多吨。

案例特点：该项目通过沼气工程，实现了养殖粪污的综合利用，并为周边农户提供清洁的管道燃气，形成了以沼气为纽带的可持续发展循环农业产业模式，实现种养生态良性循环。

### （二）江苏睢宁太阳能沼气新村集中供气项目

该项目建有400米$^2$日光温室和1 200米$^3$厌氧发酵罐，主要处理畜禽粪污、秸秆和生活有机垃圾，生产的沼气为周边居民供气，沼渣沼液还田利用。

实际运行情况：2017年运行以来，年处理秸秆500吨、粪便8 000吨和部分餐厨垃圾；年产沼气50万米³，为湖畔槐园社区1 200户居民提供生活燃气；年产沼渣1 750吨、沼液6 500吨，用作周边循环农业示范基地肥料。

综合效益情况：工程投入运行后，项目所在村的秸秆、粪污、生活有机垃圾得到有效处理，人居环境改善明显；通过全年稳定供气，使农民享受到城市居民一样方便的管道燃气，相比使用液化石油气每户年可节省开支700元。

案例特点：该项目与新村建设同步规划、同步建设、同步验收、同步交付使用，实现了与规模养殖场粪污治理、秸秆资源化利用、新农村居住区建设相结合，不仅有效解决了环境污染治理难题，还为农户全天候提供"能炒腰花"的管道燃气。

## 五、生物天然气供气典型案例

### （一）安徽阜阳生物天然气并网供气项目

该项目建有生物天然气处理站3个，共有6 000米³厌氧发酵罐6座，配套1个应急调峰中心和170千米燃气管网，以县域有机废弃物为原料，生产生物天然气为全县城乡供气，沼肥还田利用。

实际运行情况：2020年投产以来，年处理农业废弃物49万吨，提纯生物天然气720万米³，年产生物有机肥4万吨。

综合效益情况：项目消纳6个乡镇80%畜禽粪污和10%秸秆，为4万户居民和200余家企事业单位供气，年可替代标准煤9 282吨，减排二氧化碳2.3万吨。

案例特点：该项目以县域农业废弃物处理和燃气特许经营

为核心，采用政府与社会资本合作模式，引入社会第三方，建立了生物天然气产业化、市场化发展的新模式，探索了生物天然气支撑县域能源革命的新路径。

### （二）湖北宜城规模化生物天然气项目

该项目建有2 800米³厌氧发酵罐6座，以处理城乡有机废弃物为主，沼气提纯生物天然气用作车用燃气和并入燃气管网，其余部分发电上网，沼渣沼液用于生产生物有机肥。

实际运行情况：2017年投入运行以来，年处理秸秆、粪污、尾菜、有机垃圾等5.6万吨，年产沼气1 200万米³，其中提纯生物天然气500万米³，发电上网640万千瓦·时，生产生物有机肥3万吨。

综合效益情况：项目年产沼气可替代标准煤8 568吨，减排二氧化碳2.1万吨，生产的生物有机肥用于3.5万亩农田修复，在提升土壤有机质的同时实现了化肥减量30%。

案例特点：该项目采用高温高负荷多级连续发酵工艺，突破了秸秆、尾菜、有机垃圾等混合原料协同处理难点，保障项目低成本、高效率稳定运行。

### （三）山东滨州中裕生物天然气项目

该项目建有7 500米³厌氧发酵罐4座，主要处理生猪养殖粪污和酒糟废液，沼气提纯生物天然气并入燃气管网，沼肥还田用于小麦种植。

实际运行情况：2018年投入运行以来，年处理养猪场粪污30.6万吨、农作物秸秆2.38万吨、液态酒糟废液18.25万吨；年产生物天然气720万米³、沼肥48万吨。

综合效益情况：项目以沼气工程为纽带，将畜禽粪污、农作物秸秆、农产品加工废水等废弃物进行处理，沼渣沼液还田用于小麦种植，实现了小麦加工产业的生态循环可持续发展；年产沼气可替代标准煤9 282吨，减排二氧化碳2.3万吨。

案例特点：项目构建了"小麦加工—生猪养殖—沼气工程—小麦种植"的循环产业链，实现了小麦加工全产业链生态循环闭环运行，对黄河三角洲区域农牧产业结构的调整和提质增效起到良好的示范和带动作用。

## （四）安徽临泉规模化生物天然气项目

该项目建有5 000米³厌氧发酵罐6座，以畜禽粪便、秸秆、餐厨垃圾等有机废弃物为原料，生产生物天然气为工业园区供气，沼渣生产生物有机肥料，沼液制备液体生物菌剂。

实际运行情况：2020年投入运行以来，年处理秸秆7万吨、粪污2.3万吨，生产生物天然气1 000万米³、有机肥4.15万吨、液体生物菌剂0.5万吨。

综合效益情况：项目构建了原料集中处理、能源市场化供应、有机肥生产推广应用的完整循环产业链条，补齐了区域天然气供给短板，年产沼气可替代标准煤1.3万吨，减排二氧化碳近3.2万吨。

案例特点：该项目获得了燃气专营权和肥料许可，生物天然气、沼渣有机肥和液体肥均实现市场化定价、商业化运营。

## （五）河南长垣规模化生物天然气项目

该项目建有5 500米³厌氧发酵罐4座，主要处理秸秆、餐厨垃圾、畜禽和厕所粪污等混合原料，生产的生物天然气定向供工业用户使用，沼渣沼液还田利用。

实际运行情况：2020年投入运行以来，年处理秸秆、餐厨垃圾和畜禽粪污4.6万吨，年产生物天然气351万米³，就近供应5个工业用户用气，年产沼渣肥1.09万吨。

综合效益情况：项目通过对区域内分散原料收集，第三方专业化、市场化的集中处理，在解决农业农村废弃物污染的同时实现资源的循环利用，年产沼气可替代标准煤4 600吨，减排二氧化碳1.1万吨。

案例特点：该项目实现了对区域内城乡有机废弃物的第三方专业化、市场化的集中处理，采用工业用户点供服务模式，生物天然气供不应求。

### （六）贵州茅台产业示范园生物天然气项目

该项目建有3 000米³厌氧发酵罐16座，以处理茅台酒厂酒糟和高浓度酿酒废水为主，生产的生物天然气一部分并入当地城镇燃气管网，其余部分为酒厂生产蒸汽，沼渣沼液用于高粱等酿酒原料种植。

实际运行情况：2017年投入运行以来，年处理酒糟4.13万吨、高浓度酿酒废水4.16万吨，生产生物天然气491.5万米³，其中200万米³进入城镇管网，其余生产蒸汽3.5万吨供应酒厂，年产沼液肥5.4万吨。

综合效益情况：项目实现了酒厂废弃物的生态循环利用，解决了赤水河流域酿酒废弃物污染问题，取得了较好的经济效益和环境效益，年产沼气可替代6 380吨标准煤，减排二氧化碳1.59万吨。

案例特点：该项目将酿酒企业产生的废弃物酒糟和高浓度有机废水通过厌氧发酵和深加工转化为天然气能源和有机肥资源，实现废弃物资源利用价值最大化。

## 六、生物质成型燃料供暖典型案例

### （一）宁夏青铜峡生物质成型燃料清洁供暖项目

该项目建设秸秆成型燃料生产基地1处，以园林废弃物、林业三剩物和秸秆等为原料生产生物质颗粒燃料，为周边生物质集中供暖站和农户取暖提供燃料。

实际运行情况：2014年运行以来，采用企业+农村合作社、企业+农村经纪人模式，收集半径100千米内的原料，年产生物质颗粒燃料6万吨，为青铜峡市各乡镇公共场所13.25万米$^2$和6 000户农户清洁取暖提供燃料。

综合效益情况：生物质成型燃料年销售收入6 000万元，净利润800万元；年可替代标准煤3万吨，减排二氧化碳7.5万吨，解决了当地居民清洁取暖问题。

案例特点：该项目实现了农林废弃物变废为宝，带动形成了成型燃料集中供暖、成型燃料+清洁炉具的农村地区清洁供暖模式，构建了区域分布式清洁供热体系。

### （二）吉林省吉林市职教园区生物质集中供暖项目

该项目安装2台29兆瓦生物质热水锅炉，利用生物质成型燃料为园区内十所职业学校进行集中供热。

实际运行情况：2017年7月开工建设，10月正式投产供热，年消耗秸秆成型燃料3万吨，供热面积120万米$^2$。项目由专业供热公司投资建设，采用"互联网+"工业锅炉远程监控技术，对锅炉进行自动控制和智能监控，并对使用情况进行诊断分析，挖掘节能潜力，降低供热运行成本，实现商业化运行。

综合效益情况：项目年可替代标准煤1.5万吨，减排二氧化碳3.7万吨。锅炉采用低氮燃烧技术，废气进行布袋除尘后达标排放，有效减少了二氧化硫、氮氧化物等污染物排放。

案例特点：该项目采用大吨位生物质锅炉，以生物质颗粒为燃料进行规模化集中供热，有效解决了城市区域集中供热燃气不足的问题，实现了清洁低碳集中供热。

# 参考文献

李鹏，王世谦，鞠立伟，等，2022. 农村现代能源系统规划与运行[M]. 北京：中国电力出版社.

吕文林，2021. 中国农村生态文明建设研究[M]. 武汉：华中科技大学出版社.

王久臣，李惠斌，刘杰，2021. 农村能源建设与零碳发展[M]. 北京：中国农业科学技术出版社.

张无敌，刘伟伟，尹芳，等，2016. 农村沼气工程技术[M]. 北京：化学工业出版社.

张无敌，田光亮，尹芳，等，2014. 农村能源概论[M]. 北京：化学工业出版社.

赵爽，2022. 能源法学[M]. 北京：法律出版社.